普通高等教育农业农村部“十三五”规划教材
全国高等农林院校“十三五”规划教材
中华农业科教基金教材建设研究立项项目（NKJ201503039）

植物学实验技术

晏春耕　主编

中国农业出版社

编写人员名单

主　　编　晏春耕

编写人员（按姓名拼音排序）

陈东红　黄　勇　李巧云

彭晓英　阮　颖　晏春耕

周双德　朱卫平

前言

植物学是高等农业院校植物生产类和生物科学类各专业重要的专业基础课，实验、实习是植物学教学的重要组成部分，也是必不可少的重要环节，更是衡量教学质量高低的显著标志。要想搞好植物学教学，除课堂上紧抓重点、难点，精讲必要的基本理论和基本知识之外，更重要的是通过实验和实习，加强综合技术和基本技能的训练，因为植物学的学习方法主要是依靠观察比较、分析综合和实验、实习，重视理论联系实际，强调为专业培养目标服务。通过实践，不但能帮助学生掌握和理解基本理论及基本知识，加深记忆，扩大知识领域，而且还能培养学生独立思考、独立分析问题和解决问题的能力及创新意识，更有助于实际操作和动手能力的提高。

本教材是根据全国统编植物学教学大纲和教材的要求，在长期的教学实践中编写而成。教材力求简洁、实用和系统，同时顺应当前学科发展，充分反映植物学实验教学改革的新思路。本教材内容包括验证性的观察实验、综合观察分析实验和设计性或创新性实验，从微观到宏观，从细胞到组织、器官、个体、类群，从形态结构分析到分类进化及其与环境的统一性。同时注重知识的完整性和系统性，技能或技术的基础性、综合与创新性，实验材料的代表性。

全书共分三部分，第一部分为植物学基础性实验，是本教材的主要部分，安排了16个实验，主要介绍植物学的基本理论和基础知识，很多地方都留有填空，并对疑难知识点配以插图，以帮助学生加深对所学知识的理解和掌握；第二部分为植物学综合性实验，安排了2个实验，主要是对前面知识的综合训练，以培养学生综合分析问题和解决问题的能力及创新意识。第三部分为植物学实验技术基础，主要介绍学生应当掌握的基本技能，这部分内容可以单独进行，也可以穿插在实验部分中进行。附录部分主要是介绍种子植物常见科的识别特征、校园常见种子植物名录和种子植物分科检索表。此外，许多实验中安排了引导观察的思考题，以培养学生的独立观察能力及分析问题、解决问题的能力和创新意识。

使用本教材时，各专业可以根据其教学大纲的要求及教学计划的安排等，增减实验内容或选择其他更易找到的实验材料完成实验；部分内容也可前后予以调整。

本教材得到中华农业科教基金资助，同时也得到所在学校领导、老师的关心和支持，在此一并表示衷心的感谢！

由于时间仓促和编者水平有限，不妥和错误之处在所难免，敬请批评指正，多提宝贵意见，以便修正。

编　者

2016 年 11 月

注：本教材于 2017 年 12 月被列入普通高等教育农业部（现更名为农业农村部）“十三五”规划教材［农科（教育）函〔2017〕第 379 号］。

目　录

实验室管理规则

一、实验室规则

1. 学生应提前5～10 min进入实验室，做好实验前的准备工作。若实验提前结束，经指导老师许可后，方可离开。

2. 对号入座，对号使用仪器和药品，不得随意变动。

3. 实验前必须预习每次实验课内容，包括教材中相应章节、课堂笔记及实验教材等，明确实验目的和要求，了解实验内容和步骤，以使实验顺利进行。

4. 保持实验室的整洁和安静，实验要严肃认真，专心观察，不得随意走动，不准随地吐痰和乱扔纸屑、杂物。

5. 爱护实验室内的一切仪器设备和用具，使用前后皆需检查；实验中物品或仪器出现损坏、故障时，应及时报告指导教师，及时登记，以便处理，严禁私自调换仪器。

6. 每次实验结束后，要将显微镜（解剖镜）永久制片、药品及培养皿等物品放回原处；实验用具应擦洗干净，放回原处，并按规定上交实验报告。

7. 实验完成后，应派人打扫实验室卫生，最后要检查水、电、门、窗等是否关严。

8. 爱护实验室一切仪器及设备，节约水、电和一切消耗品。实验室内一切用具和物品不得擅自带出实验室。

二、实验课进行方式及对学生的要求

1. 实验前应做好实验预习，明确实验目的、实验内容、操作要领及注意事项。

2. 认真听课，要特别注意听取教师对操作重点、难点和注意事项的讲解。

3. 实验时，学生应按实验教程，独立操作，仔细观察，随时做好记录。遇到问题，应积极思考，分析原因，排除障碍。对于经自己努力仍解决不了的问题，可与同学交流或请指导教师帮助。实验课的时间要充分利用，按时完成课程所要求的实验观察及作业。

4. 实验课不得无故缺席、迟到和早退，如有特殊原因不能参加实验时，须提前向指导教师请假。

5. 实验时应带上实验指导书、课堂笔记、教科书、实验报告纸、绘图铅笔，橡皮、直尺等。

6. 积极开展第二课堂的教学实践活动。学生除了在实验室学习外，还应以校园、实验基地、果园或植物园等作为课堂，加强理论联系实际。

7. 按时完成实验作业。实验报告要求整齐、清洁、简明扼要。

第一篇　植物学实验

实验一　显微镜的构造与使用

一、目的与要求

1. 了解并掌握数码互动显微镜的基本构造及各部件的性能。
2. 学会正确使用显微镜的基本操作方法。

二、仪器、用具与材料

1. 仪器与用具

显微镜、镊子、载玻片、盖玻片、吸水纸、刀片等。

2. 材料

洋葱或大蒜鳞叶表皮永久制片，或用新鲜材料进行临时装片。

三、内容与方法

（一）显微镜的构造

数码显微互动教室是利用数码显微镜，通过局域网实现双向（多向）沟通的显微形态教学方案，实验室拥有清晰的画面和丰富的交互模式。学生端和教师端均使用高清晰度的数码显微镜，通过 USB2.0 接口与计算机相连，使教师端和每一个学生端均成为相对独立的强大的图像处理单元。各单元之间使用全新的分布式数码互动软件系统进行设备组织与课堂教学，实现了全面的图像数据共享和灵活的语音交流。

显微镜有多种类型，可归纳为光学显微镜和非光学显微镜两大类。光学显微镜是利用人眼可见光（包括不可见的紫外线）作为光源观察物体；非光学显微镜如电子显微镜，则利用电子射线为光源观察物体。

光学显微镜可分为单式和复式两类。单式显微镜由一块或几块透镜组成，制造简单，放大率不高，如放大镜、解剖镜。现在实验室经常使用的光学显微镜多为复式显微镜。

复式显微镜的式样虽繁简不同，但它们的基本结构相同，都是由机械、光学和照明三部分组成。现以 Motic 数码互动显微镜为例，介绍如下（图 1－1）。

1. 机械部分

显微镜的机械部分是显微镜的重要组成部分。机械部分的作用是固定与调节光学镜头，固定与移动标本等。只有机械装置保持良好状态，显微镜才能充分发挥作用。

显微镜的机械部分主要由镜座、镜柱、镜臂、载物台、物镜转换器、镜筒和调焦装置等构成。

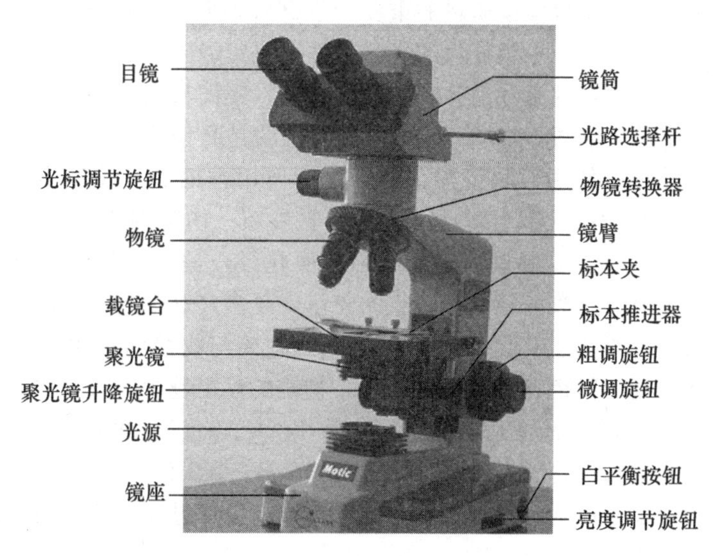

图 1-1　数码互动显微镜

(1) 镜座　位于显微镜基部，用以稳固和支持镜身，其上有光源、电源开关、光源调节旋钮、白平衡按钮、RCA 接口和电源线接口。

(2) 镜柱　连接镜座与镜臂的部位，支持镜臂与载物台，其上有粗、微调旋钮。

(3) 镜臂　连接镜筒与镜柱部位，移动显微镜时手握的部位。

(4) 载物台（镜台）　方形或圆形，为放置玻片标本的平台，中央有一圆孔，以通过光线，称为通光孔。载物台上装有标本推进器和标本夹，用以固定标本，标本夹与推进器相连，可通过推进器的旋钮前后、左右移动玻片标本，在推进器的纵横两个方向上有刻度尺，用以记录观察玻片标本在视野中移动的位置。载物台下有聚光镜。

(5) 物镜转换器　位于镜筒下端的金属圆盘，可以自由转动，上面有 4～5 个圆孔，为安装物镜的部位。在实验中常常需要根据标本的大小和观察要求更换物镜，更换物镜时要通过物镜转换器。

(6) 镜筒　为显微镜上部圆形中空的长筒，上端插入目镜，下端连接物镜转换器，可以使目镜和物镜的配合保持一定的距离，一般是 160 mm，有的 170 mm。镜筒的作用是保护成像的光路与亮度。其上有光路选择杆和光标调节旋钮。

(7) 调焦装置　为了得到清晰的物像，必须调节物镜与标本之间的距离，使其与物镜的工作距离相等，这种操作称调焦。调节物镜和标本距离的装置称调焦装置或调节器。调焦装置位于镜柱两侧，旋转时可使载物台或镜筒上下移动，用于调节焦距。大的称粗调（焦）旋钮，旋转一周可使载物台上升或下降 10 mm，用于低倍物镜及粗调焦时应用；与粗调焦旋钮同轴的一对小螺旋称微调（焦）旋钮，旋转一周可使载物台上升或下降 0.1 mm，用于高倍物镜观察时细调焦使用。

(8) 聚光器调节螺旋　在镜柱的左侧或右侧，旋转它可使聚光器上、下移动，借以调节光线。

2. 光学部分

光学部分包括物镜和目镜。

(1) 物镜 物镜是关乎显微镜质量的重要光学部件，安装于镜筒下端的物镜转换器上。由一组透镜组成，是实物影像一级放大的光学部件，决定显微镜的分辨能力，可将被检物体作第一次放大。物镜上通常标有数值孔径、放大倍数、镜筒长度和工作距离等参数。短的是低倍物镜，外侧刻有放大倍数，如4×、10×等；长的是高倍物镜，有40×、100×等。放大倍数为100的是油镜，使用时物镜与盖玻片之间要用香柏油（或甘油、石蜡油）作为介质。放大倍数、数值孔径和工作距离是物镜的主要参数。物镜的金属筒上刻有N. A. 0.25，0.5，0.65或1.25等标记，这是镜口率，或称数值孔径，是指光线经过盖玻片引起折射后成光锥底面的口径数值，此数值越大被吸收的光量就越多，观察起来也越清楚。物镜的前端透镜与物体之间的距离称为工作距离。物镜的工作距离与物镜的焦距有关，物镜的焦距越长，放大倍数越低，其工作距离就越长；反之，物镜的焦距越短，放大倍数越高，其工作距离就越短。例如，10倍的物镜上可标出10/0.25和160/0.17。此处10为物镜的放大倍数（或写为10×）；0.25为数值孔径（或写成N. A. 0.25）；160为镜筒长度（或机械筒长），单位为mm；0.17为所要求的盖玻片厚度，单位为mm。盖片过厚，超过高倍镜或油镜的工作距离，就观察不到标本。

(2) 目镜 装于镜筒上端，通常由两块透镜组成，上面的透镜与眼接触称接目镜，下面一个靠近视野称会聚透镜或视野透镜。目镜的作用是将物镜所成的像进一步放大，即图像进行第二次放大，目镜只起放大作用，不能提高分辨力。常用的放大倍数为5×、10×和16×等，目镜的放大倍数一般在目镜镜头上注明。目镜选配的一般原则是按目镜与物镜的放大倍数乘积为物镜数值孔径的500～700倍作为选择参数，最大不超过1 000倍，直径越大，视觉观感越好，但切忌片面追求放大倍数而牺牲清晰度、分辨率。目镜按其镜片直径的大小分为普通目镜和大视场目镜（或称广角目镜）两类。规格有18 mm、20 mm、23 mm、25 mm等。目镜内有光标，可用以指示所要观察的部位。

3. 照明部分

照明系统包括聚光器、孔径光阑、光源和滤光片。

(1) 聚光器 聚光器装于载物台下方的升降架上，由聚光镜和可变光圈组成，主要作用是汇集光线形成光锥照射于标本，为观察标本提供亮度均匀的照明，从而提高物镜的分辨率。聚光镜由几片凸透镜组成，可以通过螺旋上下调节，以获得适宜光度。向下降落亮度降低，向上提升亮度则加强。

(2) 孔径光阑 位于聚光器下方，也称虹彩光圈、可变光圈，由若干薄金属片组成，中心形成圆孔，拨动操纵杆可任意调节光线强弱、通光量和照明面积。调节聚光镜的高度和可变光圈的大小，可以得到适当的光线和清晰的图像。可缩小或扩大光圈，借以调节光线的强弱。光强时缩小光圈，光弱时放大光圈。

(3) 光源 现代生物显微镜采用电光源照明，光源位于镜座内部。通常采用高亮度、高效率的卤素灯和LED光源两种，后者亮度高，光线均匀，热量小，寿命长，唯一不足是光线不如前者柔和，可通过亮度调整旋钮调整其亮度。对于没有电光源照明的老式显微镜大多利用镜臂上的反光镜提供照明。反光镜是一个双面镜，一面是平面，另一面是凹面。使用低倍镜、高倍镜时，常用平面反光镜；使用油镜或环境光线较弱时，则用凹面反光镜。

(4) 滤光片 可见光是由不同波长的光线组成的，如果样本只需要一定波长的光线，就可选用适当的滤光片，以提高分辨率，增加图像的反差和清晰度。滤光片有红、橙、黄、绿、青、蓝、紫等各种颜色，分别透过不同的波长，有时需要根据样本自身的颜色，在聚光器下加上相应的滤光片。

（二）显微镜的使用方法

（1）取镜与放置　两手握持镜臂，水平取出显微镜，平稳地放在自己座位左侧，镜座距离实验台边缘 5～9 cm。检查显微镜各部件是否完好、清洁，电源开关应关闭，亮度调节应至最小。注意：取镜时应右手握住镜臂，左手平托镜座，保持镜体直立，不可歪斜。禁止用单手提着显微镜走动，防止目镜从镜筒中滑出和反光镜掉落。不用时将显微镜放在桌子中央。

（2）通电与对光　取下防尘套，折叠好后放入抽屉，连接电源，打开电源开关，转动物镜转换器，让低倍物镜对正镜台通光孔，使目镜、物镜、聚光镜三者焦点在同一轴线上，转动物镜转换器时使卡口咬合。旋转亮度调节旋钮，使光亮合适并充满视野，此时再利用聚光镜或虹彩光圈调节光的强度，使视野内的光线既均匀明亮又不刺眼。

在没有内置光源的显微镜中需要对光。一般情况下可用由窗口进入室内的散射光（应避用直射阳光），或用日光灯作光源。对光时，先把低倍物镜对准载物台上的通光孔，然后从目镜向下注视，同时用手转动反光镜，使镜面向着光源。一般用平面镜即可，光弱时可用凹面镜。当光线从反光镜表面向上反射入镜筒时，在镜筒内就可以看到一个圆形的、明亮的视野。此时再利用聚光器或虹彩光圈调节光的强度，使视野内的光线既均匀明亮，又不刺眼。在对光的过程中，要体会反光镜、聚光器和虹彩光圈在调节光线中的不同作用。

（3）固定标本　下降载物台，拉开标本夹，将标本放入载物台，松开标本夹，将标本固定在载物台上，同时，调节标本推进器旋钮使观察的材料对准通光孔。注意：请不要直接移动机械式载物台来移动制片，以免损坏旋钮的传动部件。载物台上的刻度方便确定所观察材料的位置，即使材料移动后也可以很快回到原位。

（4）调焦　旋转物镜转换器，将低倍镜对准通光孔，调整粗调旋钮，将载物台升至最高点。一边看目镜，一边缓慢调整粗调旋钮下降载物台，直到看到制片中实验材料的影像为止。如果物像不够清晰，可轻轻来回调节微调旋钮，直到图像最清晰。

（5）瞳间距的调节　使两眼同时看到一个显微镜像，能防止观察时的疲劳。具体方法是：一边看目镜，一边移动双目镜筒上的拉板，让左右视野一致。记住自己的瞳距值，利于下次观察时的调整。

（6）屈光度的调节　以右眼看右侧目镜，调整调焦旋钮对好焦距，以左眼看左侧目镜，旋转屈光度调整环，对好焦距，使两眼同时看到清晰的显微镜像。

目镜眼罩的使用方法：戴眼镜的时候，将眼罩折叠，可防止眼镜和目镜接触造成擦痕；不戴眼镜时，将眼罩按箭头方向拉长，可防止目镜和眼镜之间射入不必要的光线，利于观察。

（7）聚光器调节　一般聚光器是在上限位置使用，但是在观察视野亮度不太均衡时，用聚光器上下移动旋钮向下微调聚光器，可获得良好的照明。

（8）观察

① 低倍镜观察　观察任何标本，都必须先用低倍物镜，因为低倍物镜视野范围大，容易发现目标和确定要观察的部位。使用低倍镜的操作步骤如下：

取标本置于载物台上（注意：盖玻片朝上），放入标本夹中夹好（或压片夹压住载玻片的两端)，旋转标本推进器，将所要观察的材料移到载物台通光孔的中央。再将低倍物镜（10×）旋转到中央，用两眼从侧面注视显微镜，转动粗调旋钮，使物镜接近制片5～6 mm，然后通过目镜一边观察标本，一边旋转粗调旋钮，使载物台徐徐下降或镜筒徐徐上升，直至物像清晰为止，此时若影像模糊，可稍微转动微调旋钮，使图像清晰。光线太强，可调节孔径光阑，使光线变暗。物像看清后，注意观察移动标本时，物像的移动方向与之相反。

② 高倍镜的观察　观察较小的材料或细微的结构时可使用高倍物镜（40×）。由于高倍物镜只能把低倍物镜视野中心的一小部分加以放大，因此，当使用高倍镜观察某一部分的细微结构时，首先需要在低倍镜下把所要观察的部分移到视场的中央，然后旋转物镜转换器换成高倍镜进行观察，此时只需来回调节微调旋钮即可获得清晰的物像。注意：此时高倍镜离盖玻片距离很近，操作时要十分仔细，以免镜头碰挤盖玻片。如果还不清晰，可换回到低倍镜重新开始上述操作。

观察时注意光线强弱，尤其是低倍镜与高倍镜转换时，或实验材料透光强度变化较大时，注意使用孔径光阑或调节聚光器的高度来调节好光量。

注意：旋转物镜转换器时，不要用手指直接推动物镜，这样时间一长就容易使光轴歪斜，破坏物镜与目镜的合轴，使成像质量变差。所以，旋转物镜转换器时，应该用手指捏住物镜转换器。

在高倍镜下请勿使用粗调旋钮，以免损坏制片和镜头。

显微镜的总放大倍数是用目镜与物镜放大倍数的乘积来表示。如用10×目镜与10×物镜相配合，则物体放大100倍（10×10)。若用10×目镜与40×物镜相配合，则物体放大倍数为400倍（10×40)。

由于高倍镜与制片的距离非常近，请勿在高倍镜下直接取放制片。

要使用高倍镜观察，请一定先在低倍镜看清楚后，再切换到高倍镜。

③ 油镜的使用　在油浸物镜使用前，也必须先从低倍镜中找到被检部分后，再换高倍物镜调正焦点，并将被检部分移到视野中心，然后再换用油浸镜头。在使用油镜头前，一定要在盖玻片上滴加一滴香柏油，然后才能使用。当聚光器镜口率在1.0以上时，还要在聚光器上面滴加一滴香柏油（油滴位于载玻片与聚光器之间)，以便使油镜发挥应有的作用。

在用油镜观察标本时，绝对不许使用粗调旋钮，只能用微调旋钮调节焦点。如盖玻片过厚不能聚焦，应注意调换，否则就会压碎玻片或损伤镜头。

油镜使用完毕，需立即擦净。擦拭方法是用棉棒或擦镜纸蘸少许清洁剂（乙醚和无水酒精的混合液，最好不用二甲苯，以免二甲苯浸入镜头后，使树胶溶化，透镜松动)，将镜头上残留的油迹擦去。否则香柏油干燥后，就不易擦净，且易损坏镜头。

(9) 收显微镜　使用显微镜观察结束后，调节电压调节旋钮，使光线到最小值，然后关掉电源，拔下插头，旋转物镜转换器，使两个物镜中央对准通光孔，取下切片，将载物台降至原位，将标本夹移回原位。用清洁擦布（纸）擦拭机械部分，用镜头纸擦拭光学部分。套好罩子，放回原处，并在登记本上填写显微镜使用情况。

（三）显微镜使用时的注意事项

（1）显微镜是精密、贵重的光学仪器，使用时必须严格按照操作规程进行操作。

（2）使用显微镜时应轻取轻放，防止震动和暴力，以免造成光学系统的损坏而影响观察。

（3）使用显微镜时不得自行拆开光学零件，不要把目镜从镜筒中取出，否则会使灰尘落入镜筒内，不易清除。如果必须取出目镜，应立即用布或其他物品把它盖好。遇有零件失灵或阻滞现象，不得强力扭动，应及时报告指导老师，以便检查修理。

（4）显微镜应经常保持清洁，严防潮湿。在使用中要注意避免水滴、试剂、染液等污损物镜和镜台，如不慎被污染时，应立即擦拭干净。

（5）显微镜机械部分沾染的污物与灰尘要用软布擦拭干净。而目镜、物镜和聚光器中的透镜，只能用专门擦镜纸擦，切忌用指头、纱布、手帕等擦拭。擦时要先将擦镜纸折叠为几折（不少于四折），从一个方向轻轻擦拭镜头，每擦一次，擦镜纸就要折叠一次。然后绕着物镜或目镜的轴旋转地轻轻擦拭。万一有油污，可用擦镜纸蘸取乙醚-酒精混合液或二甲苯擦拭，再用干擦镜纸擦拭。

（6）载物台或镜筒的升降使用粗调旋钮，微调旋钮一般用于高倍镜下调节清晰度时使用，以旋转半圈为度，不宜尽向一个方向旋转，以免磨损失灵。

（7）使用高倍镜观察时，必须先在低倍镜观察清楚的基础上，再转换高倍镜。此时，只能徐徐转动微调旋钮，勿使物镜前透镜接触盖玻片，以免磨损、污染高倍镜头。

（8）换制片时，要先将高倍镜移开通光孔，然后取下或装上制片，严禁在高倍镜使用的情况下取下或装上制片，以免污染磨损物镜。

（9）在观察临时制片时，标本要加盖盖玻片，并用吸水纸吸去盖玻片下多余的液体，擦去载玻片上的液体，再进行观察。严禁不加盖玻片或在载玻片和盖玻片上有染液或水的情况下进行观察。显微观察时，必须两眼同时观察，如用单目显微镜时，应用左眼观察标本，右眼用于绘图。

四、作业

总结显微镜各组成部件的名称、使用方法和注意事项。

五、思考题

1. 使用显微镜时，应注意些什么？怎样才能保养好显微镜？

2. 在显微镜下观察的物像与用手沿不同方向移动载玻片上的实物时有什么变化，为什么？

3. 如何正确运用光学显微镜的参数，使显微镜处于最佳工作状态？

实验二　植物细胞的基本结构

一、目的与要求

1. 了解并掌握植物细胞的基本结构。
2. 了解质体的种类、形状以及在植物体内的部位和作用。
3. 观察胞质运动现象以及胞间连丝及纹孔的特征。
4. 了解细胞内后含物的种类、结构和存在部位及细胞化学鉴定方法。
5. 学会临时制片和生物图的绘制方法。

二、仪器、用具与材料

1. 仪器与用具

数码显微镜、镊子、载玻片、盖玻片、吸水纸、刀片等。

2. 材料

(1) 新鲜材料 黑藻、萝卜、红辣椒、马铃薯块茎、蓖麻或花生种子、洋葱或大蒜等的新鲜材料。

(2) 永久制片 洋葱鳞叶表皮永久制片、柿胚乳制片、柑橘叶制片。

(3) 试剂 95%酒精、0.5%硫酸铜水溶液、10%氢氧化钠水溶液、碘-碘化钾溶液、苏丹Ⅲ染液等。

三、内容与方法

(一) 植物细胞的基本结构

取洋葱鳞叶表皮永久制片或取洋葱鳞叶内表皮制临时装片置于显微镜上进行观察。先用低倍物镜观察。在低倍物镜下洋葱鳞叶表皮为一层细胞，呈网状结构，细胞排列紧密，没有细胞间隙，细胞多呈长方形。移动标本，选择几个较清晰的细胞置于视野中央，换用高倍物镜，仔细观察一个典型植物细胞的基本结构（图 2－1）。植物细胞分为细胞壁、细胞膜、细胞质和细胞核，细胞中有大液泡。调节微调旋钮可观察细胞在不同层次上的立体结构。

临时装片可采用撕片法，用镊子撕下洋葱鳞叶的表皮，放入载玻片的水滴中，盖上盖玻片即可观察，若用碘-碘化钾溶液进行染色，细胞的细胞核、液泡和细胞质更加清晰，效果更好。与永久制片相比较，它们有什么区别？

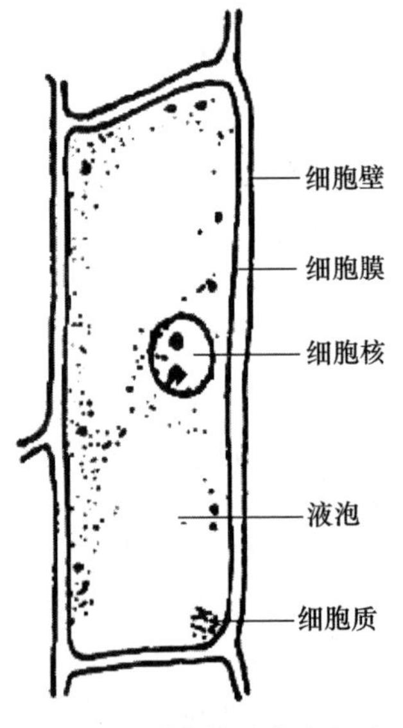

图 2－1 洋葱鳞叶表皮细胞

（引自贺学礼，2004）

(二) 质体及胞质运动的观察

质体是植物细胞所特有的细胞器，在显微镜下一般都能观察到，根据颜色和功能的不同分为叶绿体、有色体和白色体三种。

1. 叶绿体

叶绿体是以含叶绿素为主的绿色质体，能进行光合作用，主要存在植物体的绿色部位，尤其是在叶片中。

取黑藻叶片制成临时装片置于显微镜下观察，细胞近长方形，内含许多绿色椭圆形颗粒状的叶绿体。然后转换高倍物镜观察，注意叶片中脉或边缘处的某些细胞内叶绿体在循一定方向环形流动（即胞质运动），并仔细观察叶片哪部分叶绿体运动最明显。

2. 有色体

有色体是含有大量类胡萝卜素（包括叶黄素和胡萝卜素）的质体，常存在于花瓣、成熟的果实和一些植物的根（如胡萝卜）中，是这些器官颜色的来源。

取红辣椒果皮，做徒手切片或用镊子直接夹取一点果皮的果肉细胞，置低倍镜下观察，选用薄而清晰的区域换高倍镜观察，可见果肉细胞中呈红色的、形状各样的有色体（有圆形、纺锤形、多边形等）。

3. 白色体

白色体是不含可见色素的质体，多存在于植物幼嫩细胞或贮藏细胞中，有些植物叶的表皮细胞中也有白色体。切取萝卜近表皮部分制临时装片，观察可见细胞核周围较多分布的圆球形透明颗粒，即白色体。

（三）后含物的观察及其显微化学鉴定

后含物是细胞在生长分化过程中，以及成熟后由于代谢活动产生的贮藏物质或废物。后含物有的存在于液泡中，有的存在于细胞器内。后含物主要是贮藏物质，其中以淀粉、脂类和蛋白质为主。

1. 淀粉粒

淀粉是植物细胞中最常见的后含物，主要以淀粉粒形式存在于植物细胞中。取马铃薯块茎做徒手切片，制成临时制片，在低倍镜下可看到大小不同的卵圆形或圆形颗粒，即为淀粉粒。选择颗粒互不重叠处，在高倍镜下调暗光线观察，可见椭圆形淀粉粒上有明暗交替的同心圆轮纹围绕着一个核心（脐点）呈偏心排列。视野中的淀粉粒大部分是具有一个脐点的单粒，还有少量有两个或两个以上脐点的复粒和半复粒。半复粒中央部分每个脐点有各自的轮纹，外围有共同的轮纹；复粒脐点只有自己的轮纹而没有共同的轮纹（图 2-2）。在完成上述观察后，可从盖玻片一侧滴加少量碘-碘化钾溶液，从另一侧吸水，使碘-碘化钾溶液逐渐进入盖玻片下，由于淀粉遇碘能显蓝色反应，因此淀粉粒被染成蓝色或紫色。

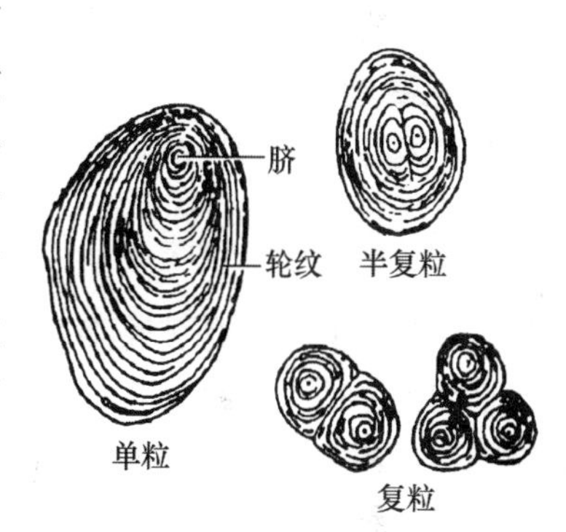

图 2-2　马铃薯淀粉粒的类型
（引自李扬汉，1984）

取已浸泡过的水稻、小麦和玉米籽粒，徒手切取胚乳细胞，挑选最薄一片，置于载玻片上，制成临时装片，方法同上，比较它们在形状、大小、结构上与马铃薯淀粉粒有何区别。

2. 蛋白质

有些植物细胞内含有贮藏蛋白质，这种蛋白质与作为原生质的基本组成的活性蛋白质不同，是处于非活动、较稳定的一类。多数存在于种子的胚乳和子叶细胞中，贮藏蛋白质以常以糊粉粒的形式存在于细胞质中。

（1）取蓖麻或花生种子，作徒手切片，制成临时制片后在显微镜下观察。可见每个细胞中都含有多数椭圆形的糊粉粒。其形状是外部有无定形的蛋白质薄膜，内含 1～2 个球晶体和 1 至多个多面形的拟晶体。在高倍镜下，薄膜呈淡黄色，球晶体无色（非蛋白质），拟晶体呈黄褐色（蛋白质）（图 2-3）。加碘液前须把切片材料用 95%酒精清洗 1～2 次，否则效果不好。

蛋白质遇硫酸铜溶液（配法是 0.5%硫酸铜加 10%氢氧化钠水溶液）时，呈淡紫红色。

（2）取小麦颖果制片，在低倍镜下观察种皮内侧胚乳的最外层由方形细胞组成的糊粉层，其细胞中有很多小颗粒状的糊粉粒，换高倍镜下仔细观察。

3. **油滴**（脂肪）

在植物细胞中，油和脂肪是重要的贮藏物质，二者可能少量存在于每个细胞内，呈小油滴或固体状，大量地存在于一些油料植物种子或果实内。常温下呈液态的称为油，呈固态的称为脂肪。

取1粒花生种子，剥去红色种皮，用刀片切取极薄的切片，放在载玻片上，滴加苏丹Ⅲ染液染色13 min以上，制成临时装片，置于显微镜下观察，可看到花生子叶细胞内被染成橘黄色、圆形而透明的油滴，有些油滴会逸出细胞之外。

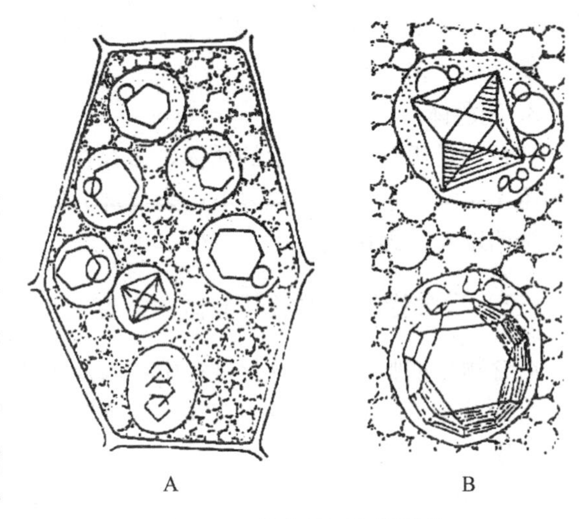

图2-3 蓖麻种子的糊粉粒
A. 一个胚乳细胞 B. A中一部分的放大
（示两个含有拟晶和磷碱盐球形体的糊粉粒）
（引自叶庆华等，2005）

4. **花青素**

取美人蕉叶或紫鸭趾草叶表皮制片观察，液泡呈现的颜色即为细胞中花青素存在所致。

（四）纹孔与胞间连丝

纹孔和胞间连丝是植物细胞壁上的特殊结构，是相邻细胞之间物质和信息传递的通道。纹孔是细胞形成次生壁时，在一定位置上不沉积壁物质而形成一些空隙，这种在次生壁中未增厚的部分称为纹孔。胞间连丝是穿过细胞壁的原生质细丝，是相邻细胞间的原生质体。

1. **纹孔**

（1）用镊子撕取红辣椒果皮的表皮，制临时装片观察，选择薄而清晰的区域，在两个相邻细胞壁上寻找呈念珠状的部位，其上多处发生相对的凹陷即单纹孔对。注意在凹陷处有胞间连丝连接相邻两个细胞。

（2）取马尾松茎管胞离析制片，其细胞壁上可见具缘纹孔。

（3）取松茎三切面制片，从低倍镜到高倍镜观察径向切面，可见管胞侧壁上的具缘纹孔剖面和正面壁上的具缘纹孔呈同心圆形。

2. **胞间连丝**

取柿胚乳永久制片观察，可见胚乳组织的细胞呈多边形，细胞壁（即初生壁）较厚，细胞腔很小，近于圆形，壁上有小孔（纹孔），孔内有许多细胞质细丝穿过，即为胞间连丝（图2-4）。

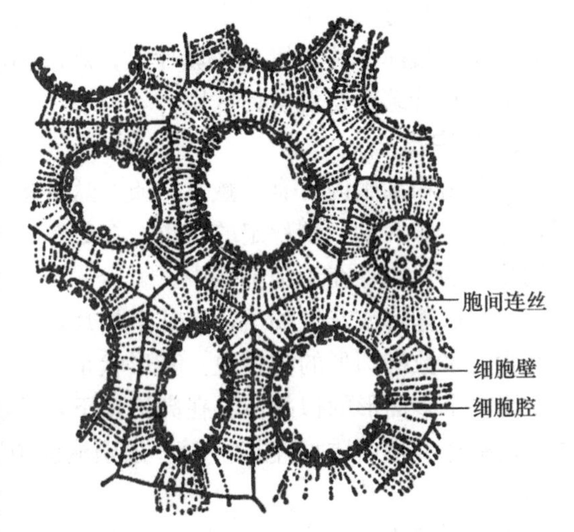

图2-4 光学显微镜下的胞间连丝
（引自李扬汉，1984）

四、作业

1. 绘1～2个洋葱或大蒜鳞叶表皮细胞结构图，并引线注明各部分名称。
2. 绘马铃薯块茎淀粉粒类型图，并引线注明。
3. 绘柿胚乳细胞胞间连丝图，并引线注明。

五、思考题

1. 纹孔和胞间连丝对植物体有何重要意义？
2. 三种质体各有什么作用？举例说明三者的关系。
3. 淀粉粒和糊粉粒有什么区别？不同植物淀粉粒是否相同？
4. 胞质运动对植物细胞的生活有什么意义？影响植物细胞胞质运动的因素有哪些？
5. 在多细胞植物体中，细胞间是通过什么形式联成统一的整体？
6. 植物体内主要贮藏物质有哪些？如何鉴定？

实验三　植物细胞分裂

一、目的与要求

1. 掌握细胞分裂的特点，了解植物细胞分裂方式。
2. 了解植物细胞有丝分裂的部位，掌握细胞有丝分裂各个分裂时期的特点。

二、仪器、用具与材料

1. 仪器与用品

显微镜、镊子、载玻片、盖玻片、吸水纸、刀片、蒸馏水等。

2. 材料

甜酒汁，蚕豆或洋葱根尖纵切面永久制片，玉米、小麦等花粉母细胞减数分裂的永久制片和照片。

三、内容与方法

（一）无丝分裂的一种——出芽生殖的观察

无丝分裂是指间期核不经过有丝分裂时期，直接地分裂，形成大小差不多的两个子细胞（图3-1），是一种简单、快速的细胞分裂方式，分裂过程不出现纺锤丝和染色体，不发生如有丝分裂过程中出现的一系列变化。

无丝分裂有许多方式，如横缢、纵缢、出芽、劈裂等。用滴管或玻璃棒取一滴甜酒汁，盖上盖玻片，先在低倍镜下观察，若再放大，就转高倍镜。在视野中可以看到许多大小不等的椭圆形细胞，内有细胞核和油点。有的细胞正在分裂，它的一端长出一个小的突起，最后突起的基部内陷，并逐渐分离，最终形成两个大小不等的细胞，这种分裂方式为无丝分裂的一种，称为出芽生殖。

（二）植物细胞有丝分裂的观察

有丝分裂是植物中最普遍、最常见的分裂方式，是植物生长发育的基础，在根、茎等器官分生组织部位都能见到这种分裂。有丝分裂包含两个过程，第一个过程是细胞核分裂；第二个过程是细胞质分裂，一个细胞经过一次有丝分裂，产生和母细胞染色体数目相同的两个子细胞。

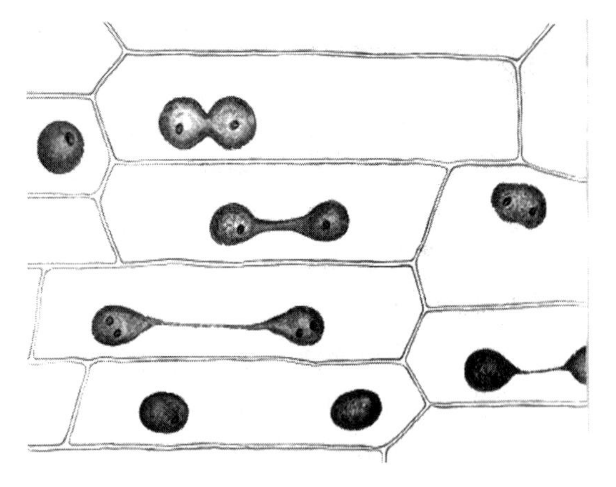

图 3－1　植物细胞无丝分裂

取洋葱根尖纵切面永久制片，置于显微镜低倍物镜下观察，首先找到分生区（即生长点）。根尖顶端有一团呈帽状、排列疏松而形状不规则的细胞群，即根冠；根冠后面约 1 mm 处，细胞壁薄，细胞核相对较大，细胞质浓，排列紧密，无明显细胞间隙，细胞具有很强分裂能力，即为生长点。在生长点处用高倍镜观察有丝分裂各时期染色体变化的情况（图 3－2）。

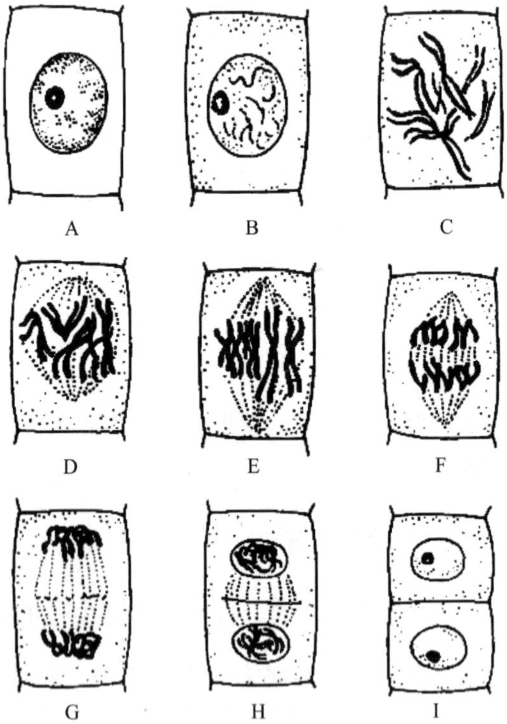

1. 间期

间期是细胞积累物质、贮藏能量、准备分裂的时期。细胞无明显变化，细胞核大而明显，细胞质浓，未出现分裂特征，可以看到核膜和核仁。

2. 前期

细胞分裂开始时，细胞核内的染色质形成丝状或颗粒状的染色体，在核膜内相互缠绕而似线团状。到前期结束时，形成一定数目、外表光滑的染色体。每条染色体由两条平等而紧密贴近的染色单体组成。核仁、核膜消失，由纺锤丝开始形成纺锤体。

3. 中期

染色体移动，排列在赤道板上，纺锤体也完全形成，纺锤丝的一端与染色体的着丝点相连接，另一端则集中于极端。中期是观察染色体形态结构和计数的最佳时期。

4. 后期

每条染色体从着丝点分裂，两个染色单体彼此分开，在纺锤丝的牵引和着丝点的导向下，各自移向两极，形成两组子染色体。

图 3－2　植物细胞有丝分裂图解

A. 间期　B～D. 前期　E. 中期　F. 后期

G～H. 末期　I. 两个子细胞

（引自贺学礼，2004）

5. 末期

两组子染色体移到两极后，密集成团，并逐渐解螺旋变为细丝状，呈均一状态。核膜、核仁重新出现，形成两个新细胞核。同时赤道板上纺锤体形成成膜体，并向四周扩展，逐渐形成细胞壁，形成两个子细胞。

取蚕豆根尖纵切面永久制片，先在低倍镜下找到根尖分生区，然后换到高倍镜下进行观察。列表总结有丝分裂过程中各个时期的形态特点。

（三）减数分裂

利用玉米、小麦等花粉母细胞的减数分裂永久制片，参考减数分裂各个时期的显微照片，在显微镜下进行系统地观察，掌握各个时期的特点。

减数分裂各个时期的主要特点简述如下（图 3-3）。

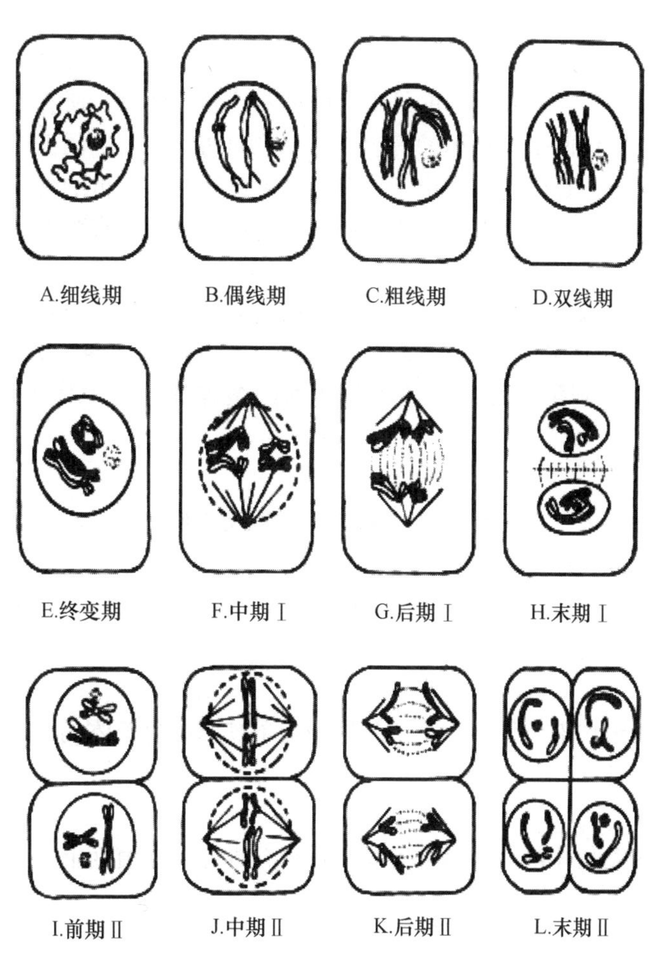

图 3-3　植物细胞减数分裂

1. 前期Ⅰ

（1）细线期　细胞核内开始出现细而长交织成一团的线状物，难以找到两端，无法计数，这是初期形成的染色体。核仁和核膜清晰可见。

（2）偶线期　同源染色体配对联会形成“二价体”。由于此时每条染色体已经复制，因此每个二价体包含四条染色单体。由于同源染色体联会的行为在光学显微镜下看不到，并且这一时期时间较短，染色体又很细长，难以同细线期明显区分开来。这一时期核仁和核膜仍清晰可见。

(3) 粗线期 染色体进一步螺旋化呈粗线状。染色体的个体性逐渐明显。非姊妹染色单体之间的“交换”就发生在该时期，但“交换”的行为不能直接在显微镜下观察到。核仁和核膜在这一时期仍然可以看见。

(4) 双线期 染色体进一步缩短变粗，每个二价体的一对同源染色体相互排斥，并开始彼此分开。但由于非姊妹染色单体的交换，每个二价体出现了数目不定的交叉结使二价体仍然维持在一起而不完全分开。该时期核仁和核膜仍然可见。

(5) 终变期 染色体高度浓缩，交叉结端化，每个二价体只在末端相连，核仁和核膜仍然可见。此时所有二价体分散在整个核内，可以进行染色体计数，某生物有多少对染色体此时就有多少个二价体。

2. 中期Ⅰ

核仁和核膜的消失，标志着前期的结束，中期的开始。此时，所有二价体排列在纺锤体的赤道板上。每个二价体两条染色体的着丝点分别趋向纺锤体的不同极。如果从纺锤体的一极向赤道板观察，仍可计数染色体。由于一对同源染色体两个成员的着丝点朝向细胞的哪一极完全是随机的，因此在不同性母细胞中，此期染色体的排列具有多种可能性。

3. 后期Ⅰ

每个二价体的两条染色体都以着丝点为先导，由纺锤丝牵引分别向细胞的两极移动。结果细胞的每一极只分到了一对同源染色体中的一条，从而使每一极分到的染色体数只有原来的一半。此时分到每一极的每条染色体的两条姊妹染色单体仍然由共同的着丝点连在一起。

4. 末期Ⅰ

染色体到达细胞两极后，细胞的每一极又重新形成核膜和核仁，随之胞质分裂（有的植物此时胞质不分裂），形成两个子细胞，称为“二分体”。

减数第一次分裂结束后，经过一个短暂的间期，很快进入减数第二次分裂，第一次分裂是染色体数目减半的过程。

5. 前期Ⅱ

细胞核内又重新出现染色体。每个染色体的两条姊妹染色单体仍由同一个着丝粒连在一起，但两臂已彼此分开。

6. 中期Ⅱ

每个子细胞内的染色体都以自己的着丝点排列在细胞的赤道面上，染色单体的两臂自由地散开。

7. 后期Ⅱ

每条染色体的着丝点纵裂，两条姊妹染色单体在两极纺锤丝的牵引下，相背移向两极。

8. 末期Ⅱ

染色体分到两极后，细胞的每一极又重新形成核仁和核膜，然后胞质分裂。整个减数分裂过程使原来的一个母细胞分裂成四个子细胞，每个子细胞内只含有母细胞染色体数目的一半。分裂刚完成时四个子细胞彼此靠在一起，称为“四分体”。

四、作业

1. 绘洋葱根尖细胞有丝分裂各个时期图，并注明分裂时期。

2. 列表比较有丝分裂和减数分裂的异同点。

五、思考题

1. 植物有丝分裂和减数分裂主要发生在植物体的什么部位?

2. 观察植物细胞的有丝分裂最好应选择根尖的什么部位?为什么?用植物体的其他部位可以吗?为什么?

实验四 植物组织

一、目的与要求

1. 了解并掌握植物体各种组织的类型、形态结构特征、分布部位和功能。
2. 掌握各种组织的细胞形态结构特征与其功能的适应性。
3. 能准确地识别出各种植物组织。

二、仪器、用具与材料

1. 仪器与用具

显微镜、镊子、载玻片、盖玻片、吸水纸、刀片等。

2. 材料

(1) 新鲜材料 白菜或蚕豆植株、玉米或小麦叶片、芫荽(香菜)叶柄或芹菜叶柄、小麦根尖、梨果实、橘皮、幼嫩的番茄茎。

(2) 永久制片 洋葱根尖纵切面永久制片、水稻老根横切面永久制片、松茎管胞离析材料制片、南瓜茎横切面永久制片、南瓜茎纵切面永久制片、椴树茎横切面制片、南瓜茎横切面制片、南瓜茎纵切面制片、夹竹桃叶片横切面制片、马尾松茎横切面制片、松针叶横切面制片等。

三、内容与方法

(一) 分生组织

分生组织是由具有分裂能力的细胞组成的,能进行持续的分裂活动。分生组织的细胞具有细胞小,排列紧密,细胞壁薄,细胞核相对较大,细胞质丰富,液泡不发达等特点。根据分生组织在植物体中的位置不同,可将其分为三类:顶端分生组织、侧生分生组织和居间分生组织(图 4-1)。

(1) 顶端分生组织 顶端分生组织主要分布在植物体根尖和茎尖,根尖分生组织为根初生结构的起源,它的分裂活动导致根的生长。取洋葱根尖纵切面制片观察,可见生长点处细胞小,细胞核大,细胞质浓,排列紧密,具有强烈分裂能力。

(2) 侧生分生组织 侧生分生组织包括维管形成层和木栓形成层,它们分布于植物体周围,平行排列于所在器官的边缘,其活动与根、茎的加粗生长有关。取棉花老茎横切面制片置低倍物镜下观察,可见排列成环状的维管束,在维管束内侧染成红色的为木质部,而维管束外侧染成浅蓝色的为韧皮部。换高倍物镜观察，木质部与韧皮部之间有几层染色较浅的扁平细胞，排列整齐，细胞壁薄，这数层细胞称为形成层带，其中有一层是形成层，即维管形成层。

取椴树茎横切面制片进行观察，可以看到另一种侧生分生组织——木栓形成层。在茎的最外方表皮下有几层扁平砖形细胞，排列紧密而整齐，常被染成棕红色或黄绿色，为木栓层；在木栓层内方有一层形态相似，着色较浅，核很明显的扁平细胞为木栓形成层。木栓形成层内方有 1 至数层（常常只有一层）稍大、排列疏松的细胞为栓内层。木栓层、木栓形成层和栓内层共同组成周皮。

(3) 居间分生组织 居间分生组织穿插间生于茎、叶、子房柄、花梗、花序轴等器官中的成熟组织之间，只能保持一定时间的分生能力，以后则完全转变为成熟组织。居间分生组织的活动与居间生长有关，如禾本科植物的拔节、抽穗和葱、韭菜叶子的居间生长。取玉米或小麦幼茎节间基部，做徒手纵切片临时制片或取已制成的永久制片，于显微镜下观察，在节间基部有一些体积较小，排列紧密，具有分生能力的细胞群，这就是居间分生组织。居间分生组织中有的细胞进行无丝分裂，有的细胞进行有丝分裂。

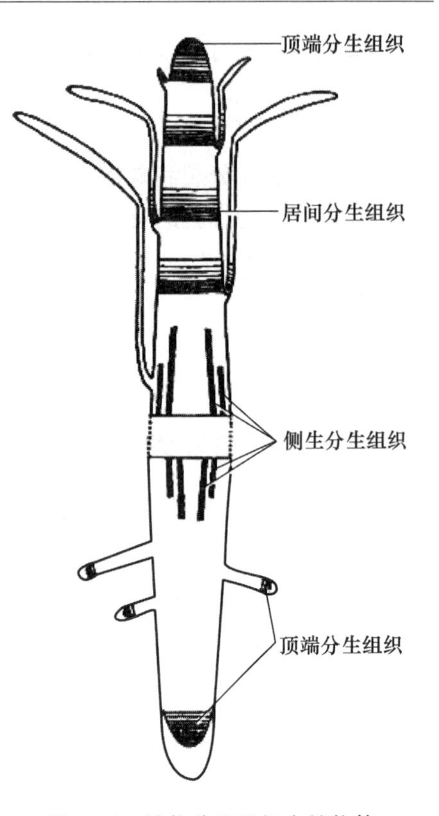

图 4-1 植物分生组织在植物体中的分布位置图解

（密线条处是最幼嫩的部位；无线条处是成熟的或生长缓慢的部位；外侧纵线条为木栓形成层；内侧纵线条为维管形成层）

（引自李扬汉，1984）

（二）保护组织

保护组织是被覆于植物体器官表面的一种组织，由一层或数层细胞构成，根据来源和形态结构不同，又分为初生保护组织组织——表皮，次生保护组织——周皮。

1. 初生保护组织——表皮

表皮细胞排列紧，没有胞间隙，外壁较厚而角质化，常具角质层甚至蜡被，有的还有表皮毛、腺毛等附属物。茎、叶、花和果的表皮有气孔，以利于气体交换。

(1) 白菜叶片表皮 撕取白菜叶片下表皮，做临时制片。在显微镜下观察，表皮细胞为不规则形状，排列紧密，没有细胞间隙，细胞内无叶绿体存在。细胞核位于细胞的边缘，细胞的中央常为中央大液泡占据。在表皮细胞之间还分布着许多气孔器。白菜的气孔器由一对肾形的保卫细胞和保卫细胞之间围成的孔——气孔——构成，其中保卫细胞中含有大量的叶绿体，靠近气孔处的细胞壁较厚（图 4-2）。

(2) 玉米或小麦叶片表皮的观察 取叶片表皮永久制片或取新鲜叶片，用刀片将叶片一面的表皮、叶肉和叶脉刮掉，剩下无色透明的叶片另一面表皮。切取一小片表皮做成临时制片观察，可以看到其表皮细胞形状和排列方式与双子叶植物明显不同，表皮细胞主要由长条形细胞（称为长细胞）纵向排列而成，表皮细胞的侧壁常呈波纹状，相邻的表皮细胞镶嵌紧密，没有细胞间隙，不含叶绿体。在纵列的长细胞之间夹有成对的短细胞（硅细胞和栓细

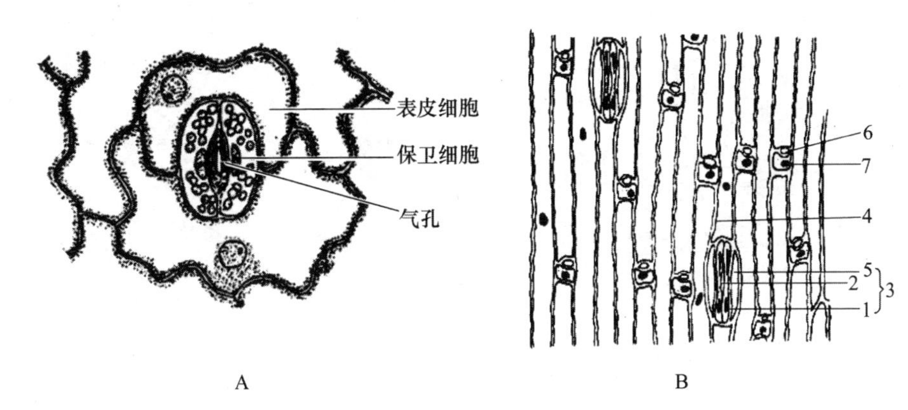

图 4-2　初生保护组织——表皮

A. 双子叶植物叶表皮　B. 禾本科植物叶表皮

1. 保卫细胞　2. 气孔　3. 气孔器　4. 表皮细胞　5. 副卫细胞　6. 硅质细胞　7. 栓质细胞

（引自贺学礼，2004）

胞），有些短细胞的外壁向外突起形成表皮毛。在长细胞列中分布有气孔器，气孔器是由一对哑铃形的保卫细胞和位于保卫细胞外侧的一对副卫细胞以及保卫细胞之间的气孔构成（图 4-2）。保卫细胞哑铃形，两端壁薄，膨大后成球形，含有叶绿体，中部狭窄，壁较厚。副卫细胞菱形，细胞核明显，无叶绿体。

2. 次生保护组织——周皮

周皮是在根、茎的次生生长过程中形成的。许多植物在其继续生长的过程中，就会产生木栓形成层，向外分裂形成木栓层，向内分裂形成栓内层，三者一起就构成了周皮。

取椴树茎横切面制片观察，最外为残留表皮，里面几层为近砖形、细胞壁栓化的死细胞，称为木栓层；木栓层内侧一至几层细胞较小，排列紧，具有分裂能力，称为木栓形成层；木栓形成层内侧几层为栓内层，细胞较大，排列较疏松，具胞间隙。由木栓层、木栓形成层和栓内层三者共同构成周皮。在周皮上还可以看到裂成唇状突起，呈圆形、椭圆形的皮孔，为周皮上的通气结构。

（三）基本组织

基本组织又称为薄壁组织或营养组织，广泛分布于植物体中，是构成植物体的最基本的一种组织。基本组织细胞特点是细胞形状较大，壁较薄，细胞间隙发达，细胞内常有大液泡。根据生理功能不同，又可分为同化组织、通气组织、贮藏组织、吸收组织和传递细胞（图 4-3）。

1. 同化组织

同化组织是由充满了大量叶绿体的薄壁细胞所构成的，能进行光合作用制造有机物。在植物体的绿色部分都有同化组织存在，它是叶片中最主要的组织。取棉花叶片横切面制片观察，在叶片的上下表皮之间的部分就是含丰富叶绿体的叶肉细胞——同化组织。棉花叶片同化组织有两种形态，靠近上表皮的细胞呈长圆柱形，排列紧密而整齐，称为栅栏组织，靠近下表皮的细胞排列疏松为海绵组织。

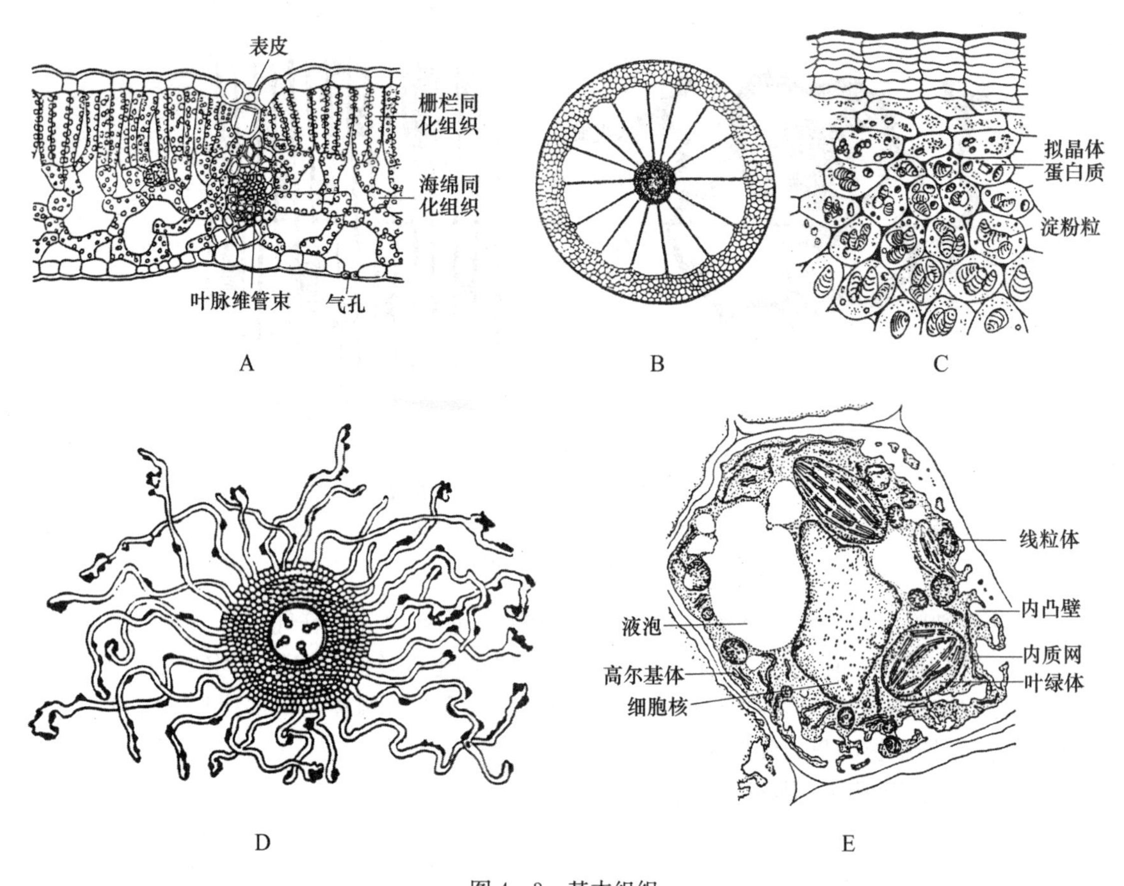

图 4-3　基本组织

A. 叶片中的同化组织　B. 狐尾藻的通气组织　C. 马铃薯块茎的贮藏组织

D. 幼根外表的吸收组织　E. 菜豆茎初生木质部中的传递细胞

（引自徐汉卿，1994）

2. 通气组织

一般存在于水生和湿生植物中，由具有发达细胞间隙的薄壁细胞所构成，发达的细胞间隙形成大的气腔或互相贯通成气道，蓄积大量空气。取水稻老根横切面制片观察，在水稻老根的皮层中有一部分细胞解体，形成大的空腔（气腔），具有通气的作用，称为通气组织。

3. 贮藏组织

贮藏组织由贮存大量营养物质或其他代谢产物的薄壁细胞所构成。马铃薯块茎、甘薯块根中含有淀粉粒的薄壁细胞，蓖麻种子胚乳中含有糊粉粒的薄壁细胞，它们均属于贮藏组织。

4. 吸收组织

吸收组织的主要生理功能是从外界吸收水分和营养物质，并将吸入的物质转送到输导组织中。取棉花幼根横切面制片进行观察，一部分表皮细胞外壁向外突出形成根毛，有利于根的吸收。

5. 传递细胞

传递细胞常存在于植物体中溶质大量集中、短途转运强烈的部位，是一类特化的薄壁细胞，具有“壁膜器”结构，细胞壁内陷，形成很多皱褶，增大了细胞壁与膜的接触面积，有利于相邻细胞间物质的传递。

（四）机械组织

机械组织是在植物体内起着巩固、支持作用的一类组织。根据机械组织细胞的形态及细胞壁加厚的方式，机械组织可分为厚角组织和厚壁组织两类。

1. 厚角组织

厚角组织一般分布于幼茎和叶柄内，是初生的机械组织，其细胞是生活的，常含有叶绿体，可进行光合作用，并有一定的分裂潜能。其细胞的细胞壁在角隅处加厚，故称厚角组织。取空心莲子草茎、芹菜或芫荽（香菜）叶柄横切面永久制片，或取新鲜材料做徒手横切面切片进行观察。在横切面上，厚角组织分布于叶柄外围突起的棱角处，紧接表皮内侧。其细胞特点是：细胞壁透亮，细胞壁角隅处加厚，细胞内常含有叶绿体（图 4－4）。

2. 厚壁组织

厚壁组织的细胞都具有加厚的次生壁，并大都木质化，成熟细胞一般没有生活的原生质体。厚壁组织根据形状的不同又可分为纤维和石细胞。

（1）纤维　观察南瓜茎横切面永久制片，在皮层部分被染成红色、多边形、细胞壁强烈加厚只剩中间小孔的细胞就是纤维细胞。在南瓜茎纵切上，纤维细胞为长梭形，细胞壁强烈增厚，只剩下纹孔和窄小的细胞腔，原生质体消失。取葡萄茎离析材料永久制片，在显微镜下观察，其细胞壁全部加厚，两端尖锐，为纤维（图 4－5）。

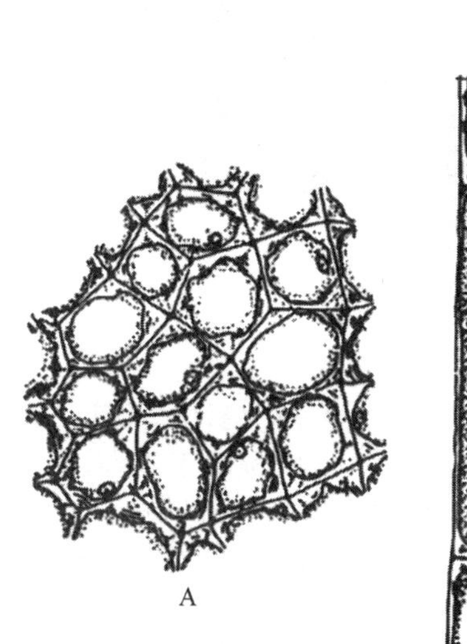

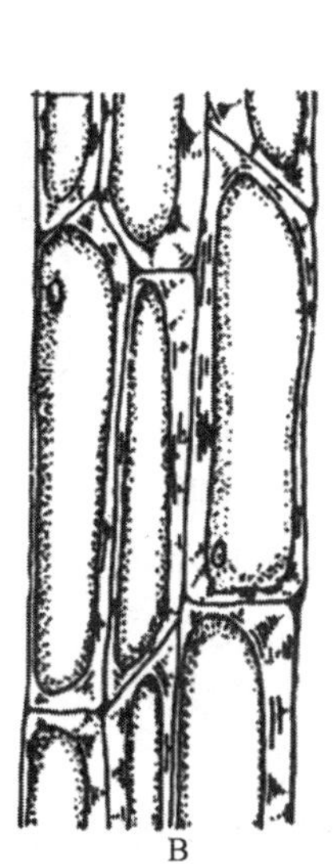

图 4－4　薄荷茎的厚角组织

A. 横切面　B. 纵切面

（引自丁春邦，2014）

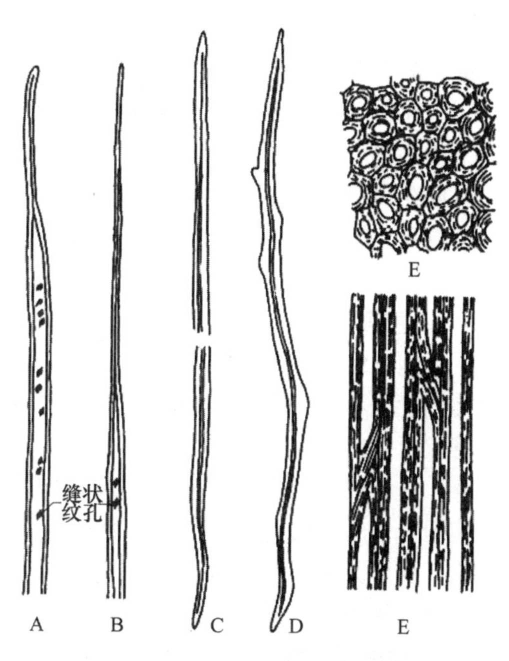

图 4－5　厚壁组织——纤维

A. 苹果的木纤维　B. 白桦的木纤维　C. 黑柳的韧皮纤维　D. 苹果的韧皮纤维　E. 向日葵的韧皮纤维（横切面）　F. 向日葵的韧皮纤维（纵切面）

（引自强胜，2006）

(2) 石细胞 一般是由薄壁细胞经过细胞壁的强烈增厚分化而来。用镊子取少许梨果肉中的"砂粒"，夹碎后置于载片上，再用两片载玻片将其压碎，滴上一滴蒸馏水，盖上盖玻片，置于显微镜下观察，可见大型的薄壁细胞中包围着一群暗色的细胞群，即石细胞群。细胞形态椭圆形或其他形状，细胞壁全面增厚，壁上有分枝或不分枝纹孔道（沟），细胞腔很小，原生质体消失。

（五）输导组织

输导组织是植物体内运输水分和各种物质的组织，其细胞呈长管形，细胞间以不同方式相互联系，在整个植物体的各个器官内成为一连续的系统。根据其结构与所运输的物质不同，输导组织又可分为两大类：一类是输导水分以及溶解于水中的矿物质的导管和管胞；另一类是输导有机养料的筛管和筛胞。

1. 导管

导管存在于被子植物木质部，是由许多长管状的、细胞壁木化的死细胞纵向连接而成，主要具有输导水分和无机盐的作用。根据导管的发育先后和次生壁木化增厚的方式不同，可将导管分为环纹导管、螺纹导管、梯纹导管、网纹导管和孔纹导管五种类型（图 4-6）。

取丝瓜茎或南瓜茎纵切面永久制片，放在显微镜下观察，可见靠近髓部的木质部中有环纹导管，自此稍向外方有螺纹导管，后者大于前者，再向外方，则有网纹导管，其管径更大，在各类导管可见端壁全部或部分消失形成穿孔。

取葡萄茎纵切面永久制片，放在显微镜下观察，在木质部中可见梯纹导管。取向日葵茎纵切面永久制片，放在显微镜下观察，可见木质部中有孔纹导管，管径更大，管壁增厚更多，除呈现小孔外，其余全部增厚。

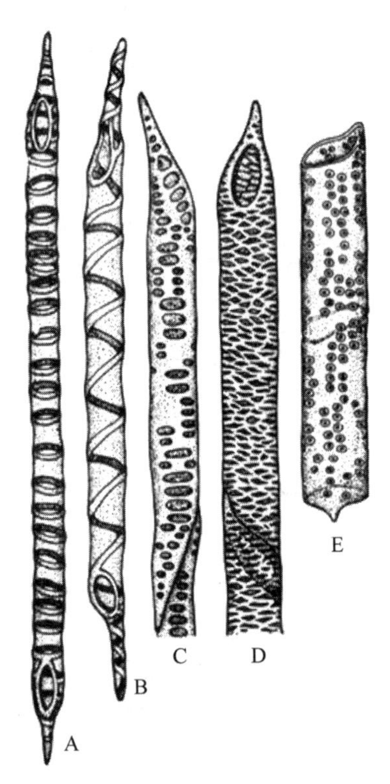

图 4-6 导管的主要纹式类型
A. 环纹导管 B. 螺纹导管 C. 梯纹导管
D. 网纹导管 E. 孔纹导管
（引自李扬汉，2004）

2. 管胞

管胞是绝大部分蕨类植物和裸子植物的唯一导水机构。管胞不同于导管，是一个两端斜尖，不具穿孔的管状死细胞。取马尾松、杉木茎解离材料少许制片观察，一种两端斜尖、侧壁不同纹式增厚并木质化的细胞即为管胞。成熟的管胞分子为长梭形、端壁倾斜，细胞壁加厚并木质化，细胞壁上有具缘纹孔。管胞分子也有多种类型：螺纹管胞、环纹管胞、梯纹管胞、网纹管胞、孔纹管胞（图 4-7）。

3. 筛管和伴胞

取黄瓜茎（或丝瓜、南瓜茎）纵切面永久制片，在显微镜下观察。在韧皮部有筛管，筛管是由许多筛管分子上下连接而成。在上下筛管分子的连接处有倾斜的横隔，是筛板，其上有穿孔称为筛孔，有许多细胞质细丝穿过筛孔形成"莲蓬状"的联络索，在筛管一侧有一个两端尖的薄壁细胞，即为伴胞，它与筛管等长或稍短，具细胞核，细胞质浓（图 4-8）。

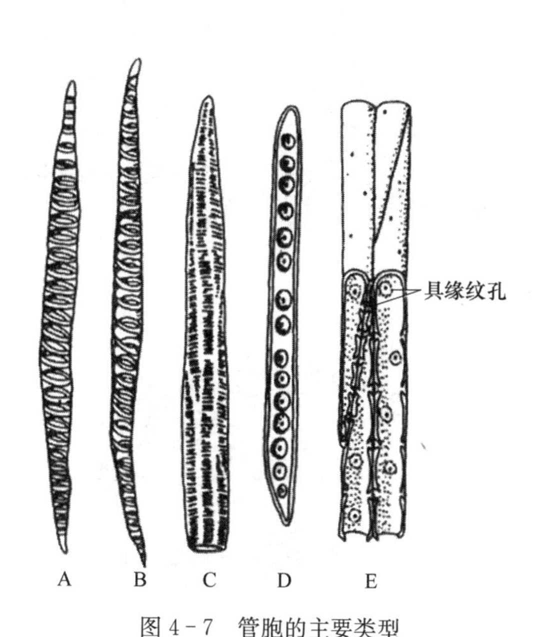

图 4-7 管胞的主要类型

A. 环纹管胞 B. 螺纹管胞 C. 梯纹管胞 D. 孔纹管胞

E. 4 个毗连孔纹管胞的一部分（示纹孔的分布与管胞的连接方式）

（A、B、D、E 引自 Greulach 和 Adams；C 引自 Fahn）

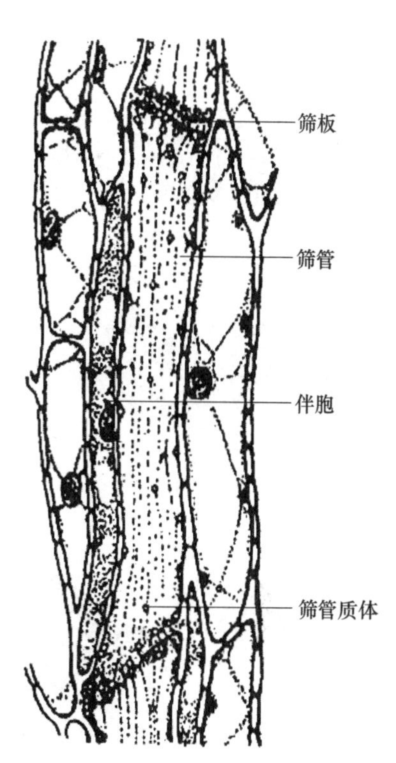

图 4-8 烟草茎韧皮部的筛管与伴胞纵切面

（引自李扬汉，1984）

通过以上观察，可以得出：导管存在于__________部中，筛管和伴胞存在于__________部中。

（六）分泌组织

分泌组织是凡能产生分泌物质的有关细胞或特化的细胞组合，总称分泌组织或分泌结构。根据分泌结构的发生部位，分泌物的排溢情况不同，分为外分泌结构和内分泌结构两大类。

1. 外分泌结构

将分泌物排到植物体外的分泌结构，大部分分布于植物体表，如腺毛、腺鳞、蜜腺、排水器等。

撕取天竺葵或棉花叶表皮制片或用番茄幼茎横切临时制片进行观察，可见表皮上有大量的表皮附属物，其中又长又尖的毛，是表皮毛；另外一种是分为“头”和“柄”结构的腺毛。

2. 内分泌结构

将分泌物积贮于植物体内的分泌结构，常存在于基本组织内，如分泌腔、泌分道、乳汁管等。

取棉花幼茎横切面永久制片进行显微镜观察，可见幼茎皮层内有被染成紫红色的腔室结构，即为分泌腔。取橘皮（外果皮）徒手切片观察，能看到一些透亮的区域或孔洞，即为分泌腔。

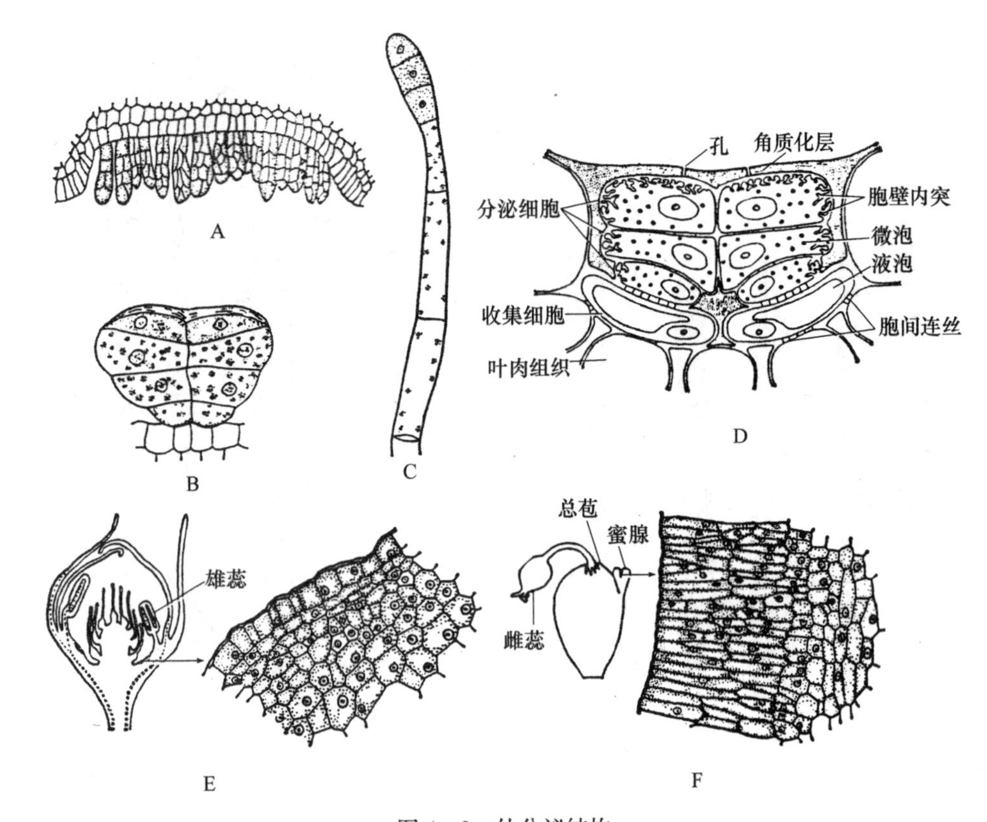

图 4－9　外分泌结构

A. 棉叶中脉的蜜腺　B. 薄荷属的腺鳞　C. 烟草的腺毛　D. 无叶柽柳的盐腺

E. 草莓的花蜜腺　F. 一品红（*Euphorbia pulcherrima*）花序总苞上的蜜腺

（引自李扬汉，1984）

观察松茎或松针叶横切面制片，在茎各部组织和叶肉中可见有许多明显的、由分泌细胞围成的管道，称为树脂道，其中充满树脂。

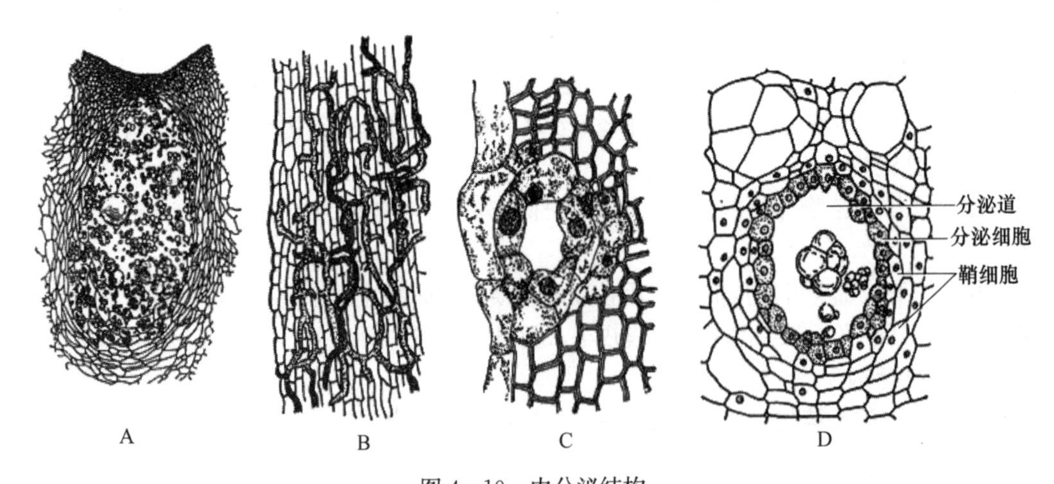

图 4－10　内分泌结构

A. 柑橘属果皮溶生分泌腔　B. 蒲公英根部乳汁管　C. 松树的树脂道　D. 漆树的漆汁道

（引自李扬汉，1984）

四、作业

1. 绘白菜叶片表皮结构图，并引线注明。
2. 任绘两种导管图，注明类型及材料。
3. 绘梨果肉石细胞图，注明各部分名称。
4. 绘筛管及伴胞纵切面图，并引线注明。

五、思考题

1. 导管和管胞有何异同点？
2. 从结构和功能上比较分生组织与成熟组织、表皮与周皮、筛管与导管、厚角组织与厚壁组织的区别。
3. 简述营养组织在植物体内的分布及其功能。
4. 以向日葵为材料，设计实验观察厚角组织是否会发育为厚壁组织。

实验五　根的外形、根尖分区与根的解剖结构

一、目的与要求

1. 了解植物根的外部形态特征和植物根系类型。
2. 了解根尖的分区及各区特点，继而掌握根的初生生长动态及所形成的初生结构。
3. 掌握单子叶植物和双子叶植物根的初生结构特点及其异同点。
4. 了解并掌握双子叶植物根形成层的形成过程和次生结构特点。
5. 了解侧根的发生，根瘤和菌根的形态和结构。

二、仪器、用具与材料

1. 仪器与用具

显微镜、镊子、载玻片、盖玻片、吸水纸、刀片。

2. 材料

（1）新鲜材料　蚕豆（或大豆、向日葵、棉花、油菜、蓖麻等双子叶植物）幼苗、小麦（或玉米等单子叶植物）幼苗、培养皿中培养的新鲜小麦根尖、马尾松的菌根。

（2）永久制片　玉米（洋葱、小麦）根尖纵切面制片，棉花根毛区横切面制片，水稻、小麦根毛区横切面制片（或鸢尾根横切面制片），棉花根具形成层的横切面制片，棉花（或花生）老根横切面制片，水稻、蚕豆根具侧根的横切面制片，花生根具根瘤的横切面制片，马尾松的菌根切片。

三、内容与方法

（一）根的外形与分区

取水稻、小麦、蚕豆根观察根的外形。

（二）根系的类型

1. 直根系

蚕豆幼苗有一条自胚根发育而来的明显的主根，其上有多条逐级分枝的侧根。

2. 须根系

小麦幼苗没有明显的主根，主要由粗细相差不多的不定根组成。不定根上也有逐级分枝的侧根。

（三）根尖的分区

取洋葱（或玉米）根尖纵切面制片，置于显微镜下，由根的最尖端逐渐向上观察根尖的各区，注意各区的结构及细胞特点（图 5－1）。

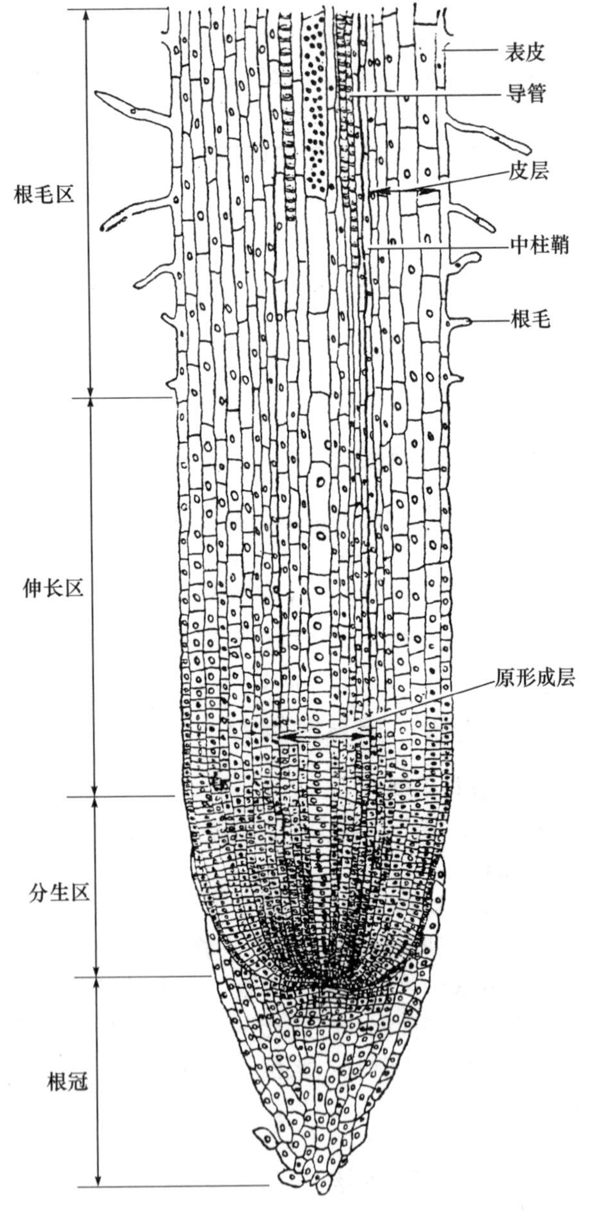

图 5－1　大麦根尖纵切面
（示各区的细胞结构）
（引自李扬汉，1984）

1. 根冠

位于根的最尖端，由薄壁细胞组成，呈帽状，套在分生区的外方，保护分生区的幼嫩细胞，在根冠的外侧，可见到某些正在脱落的细胞。

2. 分生区（生长点）

位于根冠的上方（内侧），紧接根冠的一段区域，长仅 1～2 mm。细胞体积很小，排列整齐紧密，细胞壁薄、细胞核大、细胞质浓，具有强烈的分生能力，常可以见到正在有丝分裂的细胞，为顶端分生组织（包括原分生组织和初生分生组织）。在高倍镜下可看到处于不同分裂时期的细胞。

3. 伸长区

位于分生区上方，由分生区细胞分裂而来。此区细胞特点是一方面沿长轴方向迅速伸长，另一方面逐渐分化成不同的组织，向成熟区过渡。细胞分化明显，液泡变大而成为中央大液泡，细胞核也由中央逐渐移向细胞边缘。

在制片上常可见到宽大的成串长细胞，想想这些细胞将来分化成根的什么结构？

4. 根毛区（成熟区）

位于伸长区后，最明显的标志就是

表皮上有根毛（但洋葱根尖根毛区表面无根毛），同时内部各种组织已分化成熟，根中央部分可见有纵向长的环纹、螺纹导管出现。此区是根的主要吸收部位。注意根毛的起源以及结构特点。

（四）根的初生结构

1. 双子叶植物根的初生结构

取棉花或蚕豆幼根横切面制片（也可做根毛区的横切面临时制片直接观察），在横切面上可分为表皮、皮层、中柱三部分（图5-2），从外向内观察各部分的特点。

（1）表皮 是根毛区最外面的一层细胞，排列紧密，细胞略呈长方体形，其长轴与根的长轴平行，在横切面上则近于方形。表皮细胞的外壁向外突起并延伸形成根毛。

（2）皮层 位于表皮之内，所占比例较大，可分为三部分。

① *外皮层* 是皮层最外面的一至数层细胞，细胞排列紧密，无明显的细胞间隙。当根毛枯萎后，它们的细胞壁栓质化，对根起保护作用。

② *皮层薄壁细胞* 多层细胞，细胞体积较大，细胞壁薄，排列疏松，细胞间隙明显。

③ *内皮层* 是皮层最内的一层细胞。细胞排列整齐，细胞的径向壁与上下横壁上有一条木栓质的带状加厚部分连成环带状，称为凯氏带。在横切面上仅见径向壁上有很小的增厚部分，称为凯氏点，被染成红色。

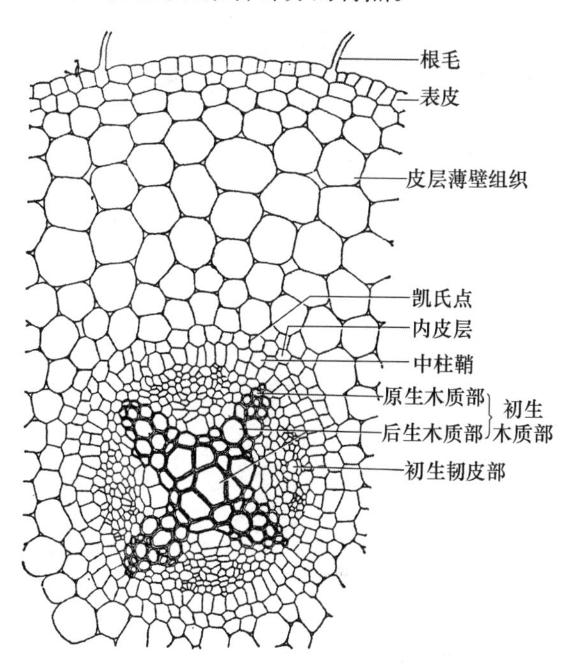

图5-2 棉根横切面（示初生结构）
（引自李扬汉，1984）

（3）中柱 是内皮层以内的中轴部分，细胞一般较小而密集。

① *中柱鞘* 为中柱的最外层，与内皮层相邻，为一层或数层排列紧密的薄壁细胞。有潜在的分裂能力，随着根的发育，以后可脱分化形成侧根原基、维管形成层的一部分及第一次木栓形成层。

② *初生木质部与初生韧皮部* 初生木质部4～5束（染成红色）呈星芒状，主要由导管组成。每束初生木质部靠近中柱鞘的细胞分化较早，直径较小，为原生木质部；靠近轴心的初生木质部细胞分化较晚，直径较大，为后生木质部，两者无明显界限，合称初生木质部。木质部的这种发育方式称为外始式，这是根初生结构特征之一。初生韧皮部位于初生木质部的两个辐射角之间，被染成绿色的部分，与初生木质部相间排列，束的数目与木质部束数相同，主要由筛管和伴胞组成，在蚕豆初生韧皮部的外方有厚壁细胞，为韧皮纤维。想一想初生韧皮部的发育方式是怎样的？

③ *薄壁细胞* 位于初生木质部和初生韧皮部之间的未分化的薄壁细胞，在根进行次生

生长时，将形成维管形成层的一部分，另外有的植物根在中柱的中央部分有许多薄壁细胞，那么这个区域称为髓部。注意：棉花和蚕豆根初生根为几原型？

取茶、枳壳幼根横切面制片置于显微镜下观察，观察有何特点？

2. 单子叶植物根的结构

单子叶植物根一般没有形成层，因此根的生长基本上停留在初生生长阶段，所以只有初生结构。

取水稻幼根和老根横切面制片观察。从外向内也分为表皮、皮层和中柱三部分（图 5-3）。

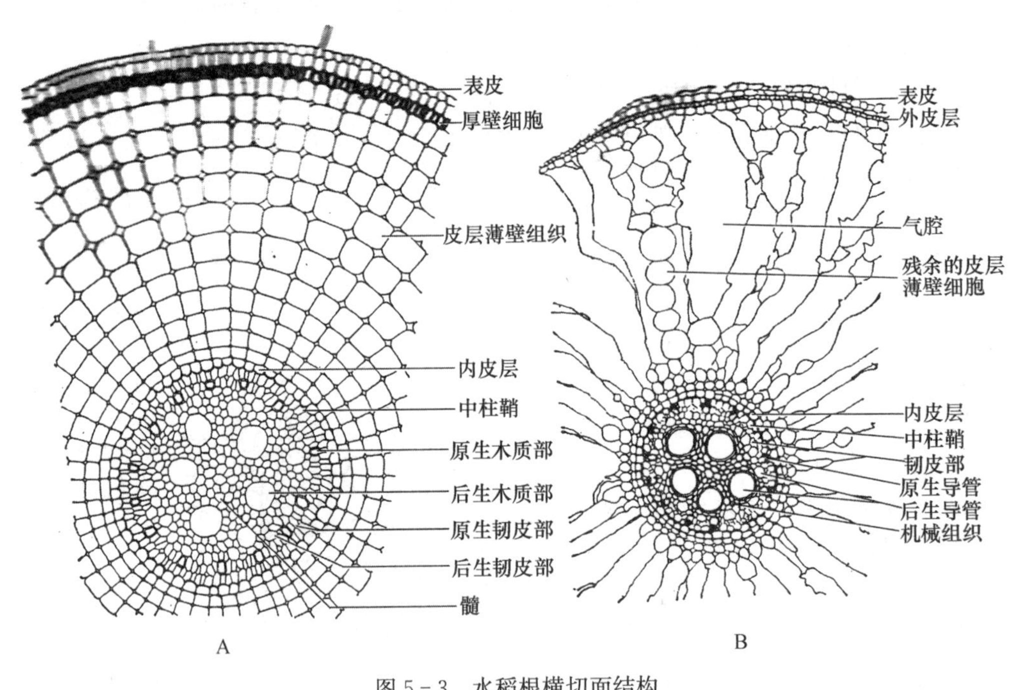

图 5-3　水稻根横切面结构

A. 幼根　B. 老根

（仿李扬汉，1984）

（1）表皮　最外一层排列紧密的细胞，常见有根毛，寿命较短，当根毛枯死后，往往解体脱落。

（2）皮层　可分为外皮层、皮层薄壁细胞、内皮层三部分。外皮层为表皮以内 2～3 层细胞，细胞较小，栓化为厚壁组织，在老根中可替代脱落的表皮起保护作用；皮层薄壁细胞在幼根中排列整齐，呈同心辐射状排列（图 5-3A），细胞之间有较大的胞间隙，在老根中皮层薄壁细胞破裂形成通气组织；内皮层仅一层细胞，细胞壁呈五面加厚并栓化，只有外切向壁是薄的，所以横切面上呈“马蹄”形，在内皮层上有个别正对原生木质部辐射角的细胞，常不加厚而保持薄壁状态，这种细胞称为通道细胞。

（3）中柱　中柱在皮层以内，根横切面的中轴部分。由中柱鞘、初生木质部、初生韧皮部和髓组成。中柱鞘位于中柱的最外层，由一层薄壁细胞组成，细胞较小，排列整齐，在较老的根内中柱鞘细胞常木化增厚。初生木质部为多原型，一般为 7～8 束或更多。在初生根的中心，常具有一个大的后生木质部导管而无髓；次生根的中心则为薄壁细胞，即髓（后期这些细胞的壁全部增厚并木质化）。初生韧皮部位于初生木质部之间，只有几个筛管和伴胞。

髓位于根的中央部分，幼根时为薄壁细胞，老根时细胞壁增厚。

单子叶植物根一般没有形成层，因此无次生生长，但在初生结构中是比较不出来的。

取小麦根（图5-4）、葱根、鸢尾根横切面制片进行观察，并与水稻根相比较，观察其差异。

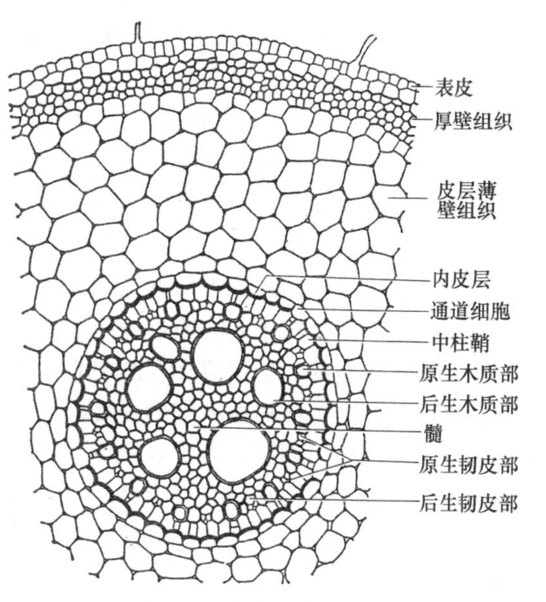

图5-4　小麦老根横切面
（引自徐汉卿，1996）

（五）双子叶植物根的次生结构

1. 形成层的发生

取棉花或草棉根横切面永久制片，观察形成层的发生（图5-5）。

2. 根的次生结构

取棉花老根横切面制片置于低倍物镜下观察其次生结构（图5-6）。

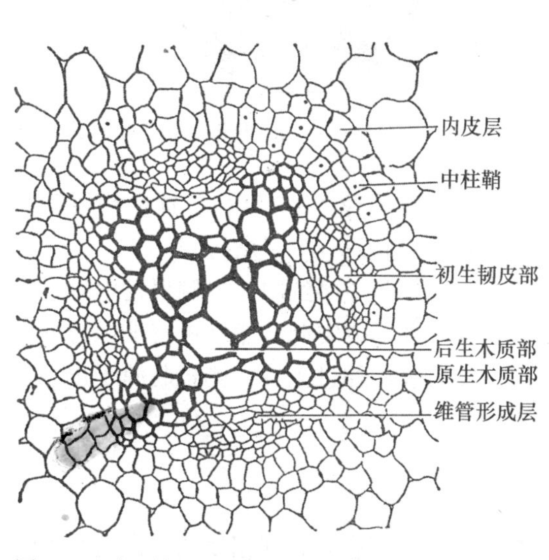

图5-5　陆地棉根中柱横切面，示维管形成层的发生
（引自李扬汉，1984）

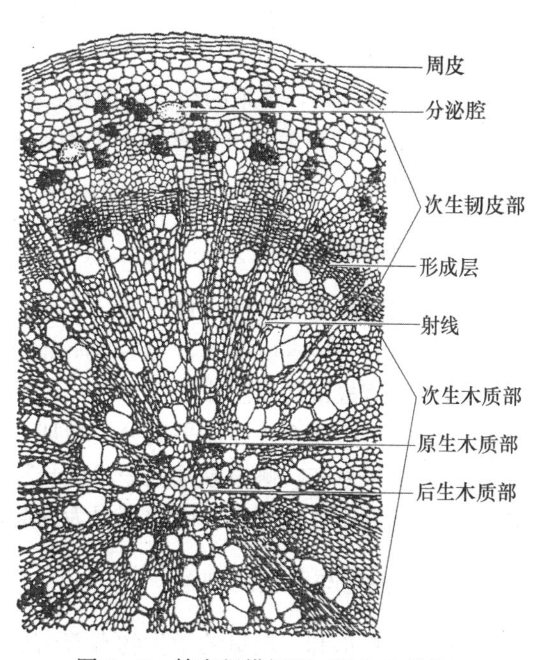

图5-6　棉老根横切面（示次生结构）
（引自强胜，2006）

（1）周皮　周皮由三部分组成，位于最外面的部分为木栓层，由2～3层扁平、细胞壁木栓化的、易于着色的细胞组成。横切面上呈长方形（径向壁短于切向壁），排列紧密，细胞壁栓化，被染成黄褐色，无原生质体。木栓形成层位于木栓层内侧，由一层细胞排列整齐、具有分裂能力的生活细胞组成。栓内层位于周皮的最内层，由1到几层薄壁细胞组成。

（2）初生韧皮部　所占的比例较小，位于栓内层内侧，有时初生韧皮部被压挤毁。

(3) 次生韧皮部 形成层以外被染成绿色的部分，可分为筛管、伴胞、韧皮纤维、韧皮薄壁细胞，它们之间的区别不明显。

(4) 形成层 位于次生韧皮部与次生木质部之间，由几层扁平细胞组成，排列整齐、紧密，但只有一层细胞具有分裂能力。

(5) 次生木质部 位于形成层之内，所占的比例较大，由导管、管胞、木纤维和木薄壁细胞组成。导管壁较厚，口径较大，被染成红色，木纤维也染成红色，分布在导管的四周，形小壁厚。染成淡蓝色的为木薄壁细胞。

(6) 射线 由径向排列的薄壁细胞组成，是根内横向运输系统。

(7) 初生木质部 仍保留在根的中心，由一些小导管细胞组成四束，呈十字形排列，它的存在是根和茎次生结构相区别的主要标志之一。

取黄瓜老根横切面制片置于显微镜下进行观察。黄瓜根的初生木质部为三原型，出现次生生长后所占的比例较小。其次生结构（与棉花根相比）的特点是从辐射角发出的射线明显且较宽，维管束三个，射线十分明显而且较宽，形成层不很明显，纤维细胞纤维化程度不高。

取柑橘根横切面制片进行观察，其次生结构特点是周皮明显，韧皮部呈蓝色而韧皮纤维呈红色；次生木质部发达，导管数量较多，口径较大，排列紧密；髓部细胞有木化增厚。

通过上述观察，与根的初生结构相比较，在根次生结构中（图5-7）增加了哪些部分？有哪些部分消失？是什么原因？

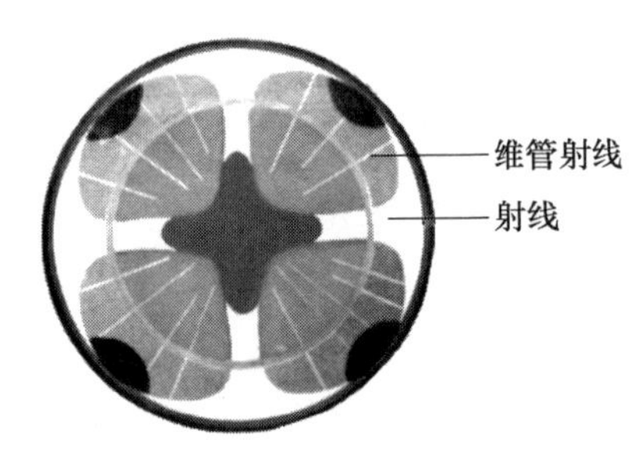

图5-7 双子叶植物根次生结构

（六）侧根的发生

观察棉花或蚕豆植株的直根系，主根上所生长的侧根排列成4～5纵行，这些侧根发生的位置是对着初生木质部的，初生木质部为4～5原型，故侧根有4～5纵行。

取水稻侧根横切面制片进行观察，可见侧根起源于中柱鞘一些细胞。当侧根发生时，这些细胞恢复分裂能力，经过平周分裂增加细胞层数，并向外形成突起，然后进行平周与垂周分裂形成侧根原基，侧根原基进一步生长穿过皮层，突破表皮伸进土壤。侧根起源于正对着初生木质部的中柱鞘细胞，因此侧根为内起源。

（七）根瘤与菌根的观察

植物的根部和土壤里的微生物有着密切的关系，它们互相影响、互相制约。微生物不但存在于土壤中，甚至也存在于一部分植物的根组织里，与植物共生，通常有根瘤与菌根两种类型。

1. 根瘤

豆科植物的根上常有瘤状的结构，称为根瘤。根瘤是由于根瘤菌自根毛侵入根皮层，并在其中迅速分裂繁殖，皮层细胞因根瘤菌侵入的刺激，加强细胞分裂，结果皮层细胞大大增加、膨大而形成瘤状突起。

观察浸制的豌豆根瘤标本，可见豌豆根上有许多瘤状物，即为根瘤（图5-8）。

用镊子取豌豆或三叶草根上的瘤状突起物，在载玻片上捣碎后制成水装片，用高倍镜观察，可见许多短杆菌，这就是根瘤菌。

取具根瘤的花生根横切面制片观察。可见根瘤之外为周皮包围，内部为皮层所产生的薄壁细胞，中央的薄壁细胞被感染，细胞中有大量的根瘤菌，染色较深。未被感染的薄壁细胞间有维管束与根的维管束相通。由于细胞的强烈分裂和体积的增大，使皮层部分畸形增大，形成瘤状突出物，结果使根的中柱以相当小的比例偏在一边。

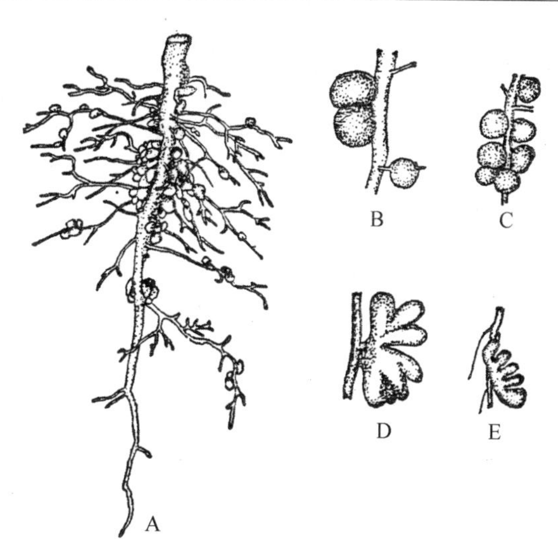

图 5－8　几种豆科植物的根瘤外形

A. 具有根瘤的大豆根系　B. 大豆的根瘤
C. 蚕豆的根瘤　D. 豌豆的根瘤　E. 紫云英的根瘤
（引自徐汉卿，1996）

2. 菌根

真菌的菌丝侵入根的幼嫩部分，或者在根的表面群聚，好像罩子一样套在根的幼嫩部分的外围，这种真菌与根的幼嫩部分形成的共生联合体，称为菌根。

取马尾松的侧根观察外部形态，在根尖看不到根毛，根的前端变成“Y”形的钝圆的短柱，好似一个小短棒，许多菌丝包在根的外面。取切片观察，可看到菌根内真菌的菌丝侵入皮层细胞的间隙，但不侵入细胞内部。

四、作业

1. 绘制棉花幼根横切面细胞简图，并引线注明各部分名称。
2. 绘制水稻或小麦根横切面图，并引线注明各部分名称。
3. 根据专业的不同，任绘一种植物根次生结构横切面详图，并引线注明各部位名称。

五、思考题

1. 根尖分为几个区？各区有何特点和功能？
2. 根据根尖分生区到根成熟结构的观察，如何理解细胞分化的含义？
3. 根据实验观察，比较单、双子叶植物根初生结构的异同点。
4. 根的初生结构横切面可分为哪几个部分？各属于（或包含）什么组织？有什么功能？
5. 侧根是怎样发生的？有无规律？侧根和根毛有何区别？
6. 什么是根的次生结构？根的次生结构是怎样产生的？

实验六　芽和茎的解剖结构

一、目的与要求

1. 了解并掌握芽的结构与类型及茎的分枝。
2. 了解并掌握茎的基本形态特征。

3. 掌握双子叶植物茎的初生结构和次生结构特点，进而掌握双子叶植物根和茎结构的异同点。

4. 掌握禾本科植物茎和裸子植物茎的结构特点。

二、仪器、用具与材料

1. 仪器与用具

显微镜、镊子、载玻片、盖玻片、吸水纸、刀片。

2. 材料

(1) 新鲜材料 大叶黄杨、丁香、桃、梨、胡桃、枫杨、女贞、桂花、泡桐、法国梧桐、侧柏等的枝条，棉花植株，小麦全株，大豆、蚕豆、向日葵等的幼苗。

(2) 永久制片 棉花（或向日葵）幼茎横切面制片，水稻、玉米、小麦（或高粱）茎横切面制片，3～4 年生椴树或杨树茎横切面制片，马尾松茎横切面制片，杉茎三切面制片等。

三、内容与方法

（一）芽的结构

取棉花芽或茶芽纵切面制片，置低倍镜下观察，最顶端是生长锥，其下方两侧的小突起为叶原基，再向下侧是长大的幼叶；在幼叶的叶腋内呈圆形突起的部分为腋芽原基，将来发展成腋芽。转换高倍镜观察生长锥及其下方的细胞结构特点，茎尖的分区自上而下可分为分生区、伸长区和成熟区三部分，顶端没有类似于根尖的根冠结构。根据芽的性质和结构不同，分为叶芽（亦称枝芽）花芽和混合芽（图 6－1）。

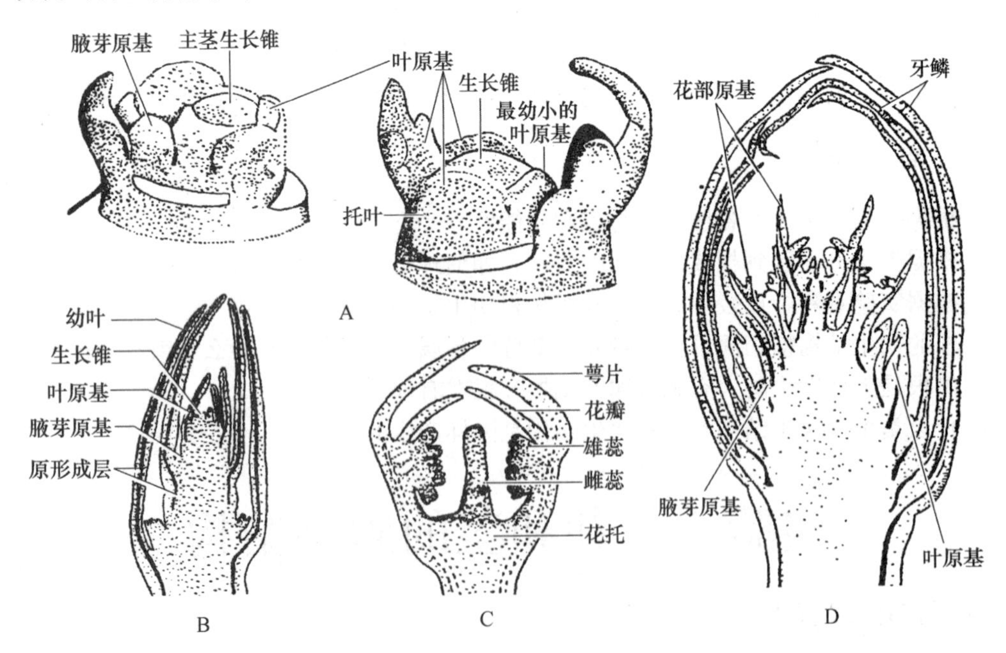

图 6－1 几种芽的构造

A. 葡萄的叶芽主体图 B. 忍冬叶芽纵剖面简图 C. 桃花芽纵剖面简图 D. 苹果的混合芽纵剖面简图

（引自金银根，2006）

（二）茎的外部形态特征

取三年生杨树或其他植物枝条，观察其节与节间、顶芽与腋芽、叶痕、叶迹与芽鳞痕。

（三）双子叶植物茎的初生结构

1. 棉花幼茎的初生结构

取棉花幼茎横切面制片在低倍镜下观察，从外向内可分为表皮、皮层和维管柱三部分，然后在高倍镜下仔细观察各部分结构（图 6-2）。

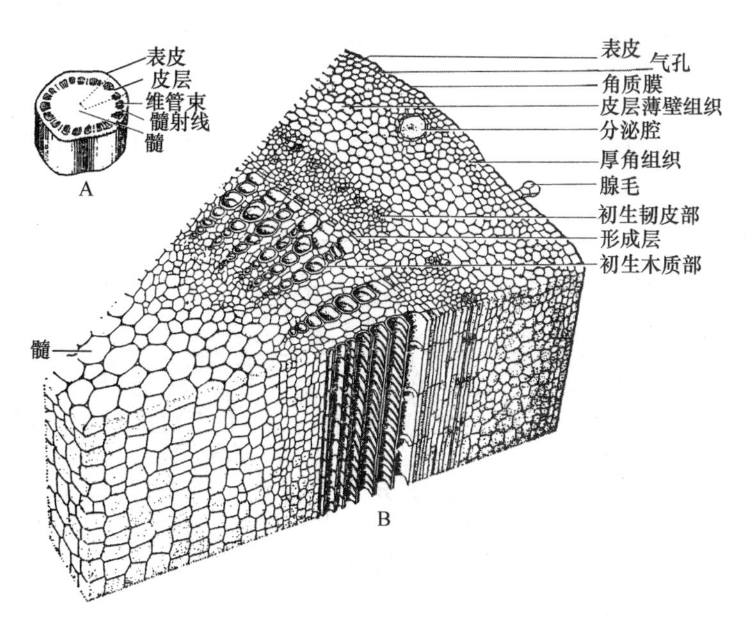

图 6-2　棉花茎立体结构图
A. 简图　B. 部分结构详图
（引自强胜，2006）

（1）表皮　最外一层排列紧密整齐而形状较小的细胞，外壁有一层较厚的角质层，表皮上有少量气孔，还有单细胞表皮毛，多细胞腺毛。

（2）皮层　表皮以内的多层细胞，靠近表皮有数层细胞常有叶绿体，并在细胞的角隅处增厚，为厚角组织，内侧数层细胞稍大，排列较为稀疏，为皮层薄壁细胞。注意皮层中有分泌腔分布。

（3）维管柱　双子叶植物茎的维管柱为皮层以内的所有组织，包括维管束、髓和髓射线等部分。

① 维管束　多个维管束排成一环，每一个维管束包括初生韧皮部、束内形成层和初生木质部。初生韧皮部位于形成层外方，具一帽状的韧皮纤维束，原生韧皮部在外，后生韧皮部在内；初生木质部为内始式发育，即原生木质部在内，后生木质部在外。

② 髓　位于茎的中央部分，由许多薄壁细胞组成。

③ 髓射线　介于两相邻维管束之间，连接髓和皮层的薄壁组织。

2. 茎的比较

（1）取茶树茎或无核蜜橘幼茎横切面永久制片，置于显微镜下观察，它们的构造与棉花幼茎相似。请指出它们的共同点都是由三部分组成，进而找出它们各自的特点，即它们间的主要差别。

（2）取南瓜幼茎横切面永久制片，置于显微镜下观察，得知南瓜幼茎的构造和棉花茎大不相同，这些差别与它们的生活习性不同有关。请找出两者间的主要不同点，进而说明其结构与茎生长习性是相适应的，并指出它们各属什么类型的茎。

（3）取蚕豆幼茎横切面永久制片，置低倍物镜下观察，首先可以看出它的形状和棉花茎大不相同。注意观察维管束在茎内的分布情况，同时与棉花茎相比较，进而弄清其维管束分布的特点是与茎的外形有关。

（四）单子叶（禾本科）植物茎的初生结构

1. 水稻茎的结构

取水稻茎（节间）横切面制片，置于显微镜下观察，由外向内，其结构可分为表皮、基本组织和维管束三部分（图 6-3）。

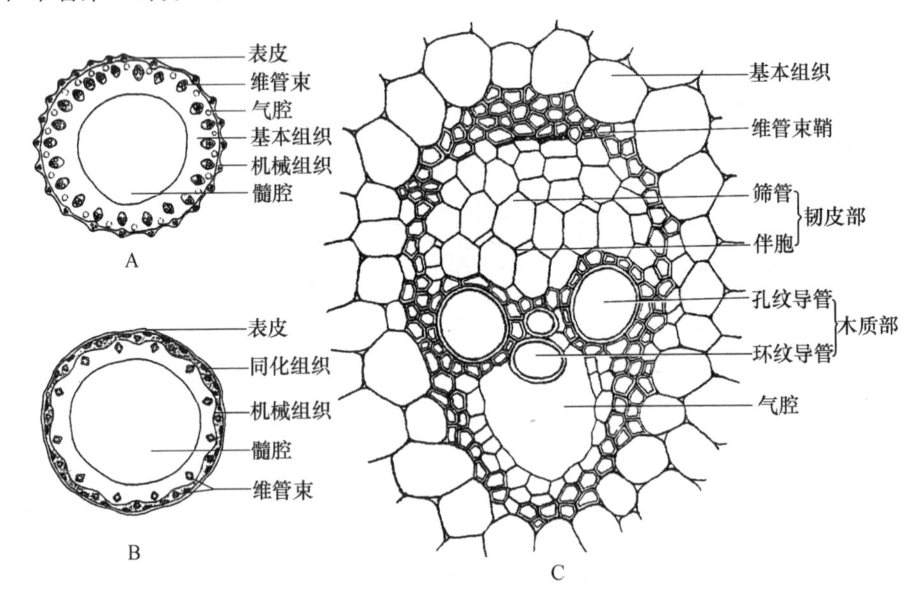

图 6-3 水稻和小麦茎的结构

A. 水稻茎横切面 B. 小麦茎横切面 C. 水稻茎中一个维管束的放大

（引自强胜，2006）

（1）表皮 位于茎的最外一层细胞，排列紧密。细胞外壁常角质化或硅质化而增厚，并向外形成硅质突起，有保护作用。表皮上有气孔。

（2）基本组织 基本组织主要由薄壁细胞组成。表皮以内的几层细胞，细胞壁较厚，为机械组织（或称为下皮），有支持作用。厚壁组织内是薄壁细胞，外边的薄壁细胞含有叶绿体，所以水稻幼茎是绿色的，中央的薄壁细胞被破坏而形成一个大腔，称为髓腔。

（3）维管束 分布在机械组织和薄壁组织中，排列成内外两环，外环维管束较小而数目较多，分布在机械组织中；内环维管束较大，而数目较少，分布在薄壁组织中。每个维管束是由维管束鞘、初生木质部和初生韧皮部组成。维管束鞘包围在维管束的外方，由厚壁细胞组成；木质部靠近茎的内方，呈“V”形，在张开的一端有两个较大的孔纹导管和中间的管胞是后生木质部，在尖细的一端可见环纹或螺纹导管是原生木质部，在原生木质部中也有小型的薄壁细胞，常常在两个导管的下方有较大的空腔，这是由原生木质部薄壁细胞破裂后形成的，也称气隙。初生韧皮部在木质部外方，横切面上呈多边形、口径较大的为筛管，与筛管相连呈三角形或四边形的为伴胞。注意：这种维管束在木质部与韧皮部之间没有形成层，为有限维管束，因此单子叶植物茎只具初生结构，木质部与韧皮部内外排列，为外韧有限维管束。

2. 玉米茎的结构

取玉米茎横切面制片在低倍镜下区分其表皮、基本组织和维管束三部分（图 6－4）。

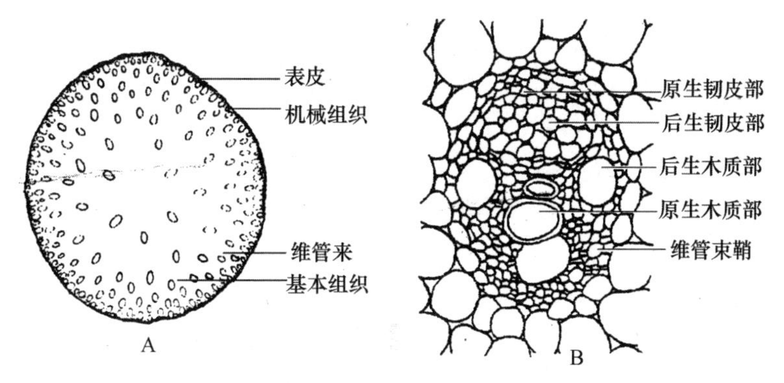

图 6－4 玉米茎横切面

A. 横切面轮廓图 B. 一个维管束的放大

（1）表皮 茎的最外一层长方形的细胞，外壁具角质层。

（2）基本组织 包括表皮下的几层厚壁细胞及中央大量的薄壁细胞。

（3）维管束 散生于基本组织中。靠近茎的边缘的维管束小而多，近中部的大而少。在高倍镜下选一个维管束观察，其木质部呈“V”形，原生木质部位于“V”形底部，具两个环纹或螺纹导管，常有细胞拉破形成的胞间隙。后生木质部的两个较大的孔纹导管分别位于“V”形的两臂，两个后生导管之间为管胞或木薄壁细胞连接。韧皮部位于木质部的外方（外韧有限维管束），原生韧皮部的细胞多被挤扁，后生韧皮部的筛管和伴胞非常明显。整个维管束外面有数层厚壁细胞组成的维管束鞘。

3. 取小麦或竹茎横切面制片置于显微镜下观察，注意它们的区别。

（五）双子叶植物茎的次生结构

双子叶植物的茎，在形成初生结构后不久，即开始出现次生结构。茎次生结构的形成同根一样，也是由于形成层和木栓形成层活动的结果。

（1）取 3～4 年生的椴树茎横切面制片置于显微镜下观察，由以下几部分组成（图 6－5）。

① *表皮* 此层仍存在于茎的最外一层，细胞的外壁角质层发达。

② *周皮* 位于表皮内方，由下列三个部分组成：木栓层，由数层扁平砖形细胞构成，细胞排列整齐致密，有保护功能。木栓形成层，紧接木栓层之内，由一层分生细胞构成，由它向外产生木栓层，向内产生栓内层。栓内层，由薄壁细胞构成，此层在制片中不易区分。

③ *皮层* 位于栓内层的内方，由厚角组织和薄壁细胞构成，在部分薄壁细胞中可见簇状结晶体。

④ 韧皮部　位于皮层以内，形成层之外，由外侧数量很少的初生韧皮部和内侧较多的次生韧皮部组成，其中有大量的韧皮纤维与筛管、伴胞、韧皮薄壁细胞间隔排列，还有呈放射状排列的韧皮射线。

⑤ 维管形成层　位于韧皮部与木质部（木材）之间，排成一整环，由几层较小的扁平薄壁细胞组成。

⑥ 木质部　为位于形成层内方被染成红色的绝大部分，包括历年形成的大量次生木质部和数量很少的初生木质部。次生木质部中的同心圆环即为生长轮（年轮）。观察制片中有几个生长轮？每一年轮中，靠中央部分细胞较大，细胞壁较薄，是一个生长季节中早期形成的，称为早材（春材）；靠外面的细胞较小，细胞壁较厚，是生长季节后期形成的，称为晚材（秋材）。次生木质部除了导管、管胞、木薄壁细胞和木纤维外，还有与韧皮射线相连的木射线。组成第一个年轮的春材包括了初生木质部。

⑦ 射线　包括髓射线和次生射线，由薄壁细胞组成，在茎的次生生长过程中随着形成层的活动继续径向伸长。次生射线在木质部中称木射线，常为1～2列细胞，而在韧皮部中则称为韧皮射线，常加宽成漏斗状。髓射线呈喇叭形，连接髓与皮层。

⑧ 髓　位于茎的中央，由多数大型薄壁细胞组成，其外缘部分有一圈由小型薄壁细胞组成的“环髓带”；中央还有一些大型的薄壁细胞，贮藏丰富的丹宁物质，称为异形细胞。

(2) 取棉花老茎横切面永久制片，置于显微镜下观察（图6-6），其结构与椴树茎相比较有何异同点？

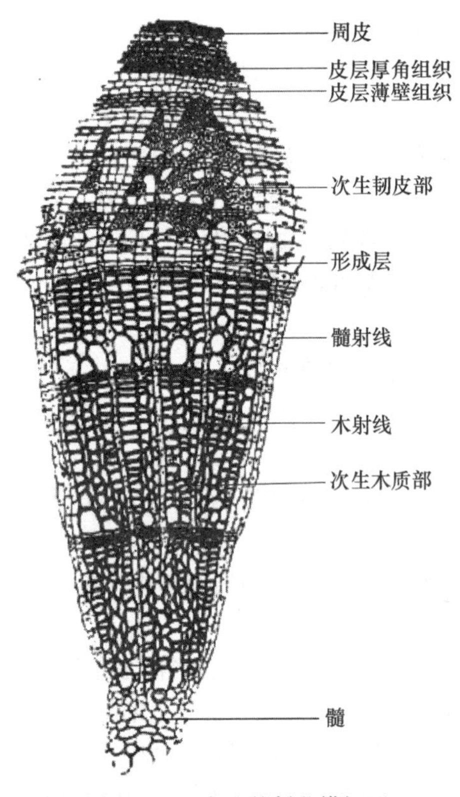

图6-5　三年生椴树茎横切面
(引自贺学礼，2008)

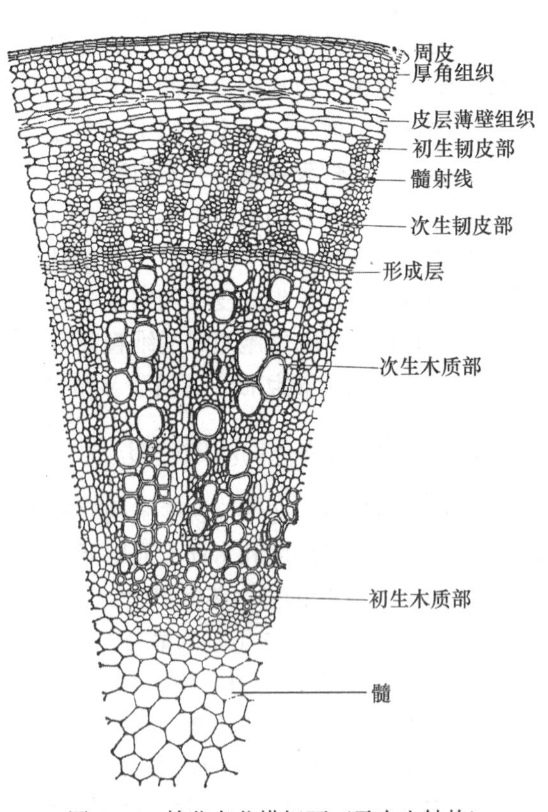

图6-6　棉花老茎横切面（示次生结构）
(引自李扬汉，1984)

(3) 取无核蜜橘老茎横切面永久制片，置于显微镜下观察，其结构与椴树茎相比较。

① 指出它们的异同点。

② 木质部内可以看到5个同心环，这是否可表示此无核蜜橘茎已经生长五年了？

(六) 裸子植物茎的结构

1. 马尾松茎的结构

取马尾松茎横切面制片观察，注意裸子植物的茎和一般双子叶木本植物茎基本相似，主要区别有以下几点。

① 具大量大而明显的圆形树脂道，其周围是一圈具分泌功能的生活细胞。

② 韧皮部细胞排列紧密，由大口径筛胞和小型韧皮薄壁细胞组成，无筛管和韧皮纤维的存在。

③ 木质部由大量排列均匀整齐的管胞和较少的木薄壁组织组成，其中早材的管胞壁薄腔大，晚材的管胞壁厚腔小，排列紧密。无导管和典型的木纤维。

④ 射线由一列横卧排列的长方形薄壁细胞或射线管胞组成。

2. 杉茎的三切面

(1) 横切面　管胞成多角形，射线呈辐射状排列，显示射线的长度和宽度。还可见木材的年轮、早材与晚材、心材与边材的特征。

(2) 径切面　通过圆心的纵切面，管胞成长条形，两端尖，彼此穿插在一起，射线细胞为横向排列。

(3) 弦切面　与径切面平行但不通过圆心的纵切面，管胞与径切面相同，射线呈梭形，显示射线的宽度和高度。

观察不同切面的木材，区分年轮、边材、心材，了解三切面上木材花纹的排列规律。如何区分木材三切面？

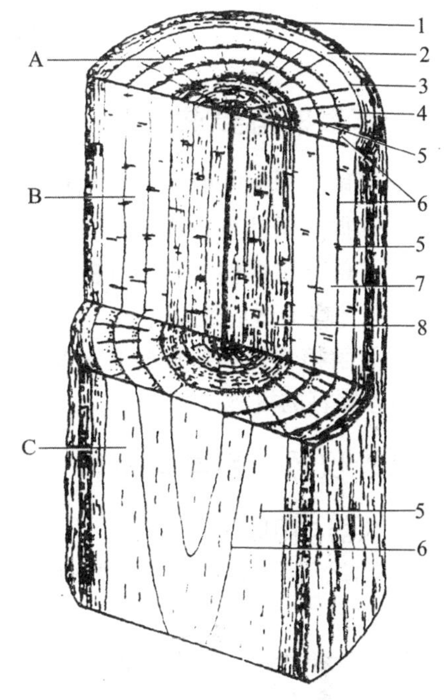

图6-7　木材的三种切面

A. 横切面　B. 径向切面　C. 切向切面

1. 外树皮　2. 内树皮　3. 形成层　4. 次生木质部

5. 射线　6. 年轮　7. 边材　8. 心材

(引自陆时万等，1992)

四、作业

1. 绘棉花幼茎横切面部分详图，并引线注明各部分的名称。
2. 绘水稻或玉米茎横切面简图，选绘一个维管束详图，并引线注明各部分名称。
3. 绘棉花老茎次生结构简图，并引线注明各部分名称。

五、思考题

1. 根尖与茎尖在形态和结构上有何异同点？
2. 根和茎的初生结构有何区别？
3. 双子叶植物与禾本科植物的茎有何异同点？

4. 为什么树怕剥皮而不怕空心？

5. 双子叶植物根和茎维管形成层的发生和活动有何异同点？

6. 裸子植物与木本双子叶植物的茎在结构上的主要区别是什么？

7. 年轮是怎样形成的？心材和边材又是怎样形成的？

实验七　叶的形态、结构、类型及营养器官的变态

一、目的与要求

1. 了解并掌握叶的一般外部形态特征与类型。

2. 掌握双子叶植物和禾本科植物叶片的结构特点。

3. 了解并掌握裸子植物叶的结构，了解叶的形态结构与环境的关系，进而理解叶的形态结构对环境的适应性变化。

4. 了解植物营养器官的变态类型，进一步了解变态后各器官的形态特征，明确同功器官和同源器官的概念。

二、仪器、用具与材料

1. 仪器与用具

显微镜、镊子、载玻片、盖玻片、吸水纸、刀片。

2. 材料

（1）新鲜材料　棉花、油菜、桑、桃、水稻、水稻、小麦、蚕豆、大豆、柑橘等植株的叶，蚕豆、小麦、玉米等植物的植株，芦荟新鲜叶片。

（2）永久制片　棉花叶横切面制片，海桐叶横切面制片，玉米、小麦、水稻及松等植物叶片的横切面制片，夹竹桃叶横切面制片、金鱼藻叶横切面制片，眼子菜叶横切面制片、松叶横切面制片等，萝卜、胡萝卜、甜菜肉质直根的横切面制片，甘薯块根、马铃薯块茎的横切面制片。

（3）标本　新鲜、蜡叶或浸制的常见营养器官变态标本。

三、内容与方法

（一）叶的组成及其外部形态

观察棉花、桃、梨等植物叶，区分叶片、叶柄、托叶三部分（图 7－1）；观察水稻、小麦等禾本科植物叶，区分叶片、叶鞘、叶舌、叶耳和叶颈五部分（图 7－1）；观察不同植物叶的外形，注意其叶片形状、叶尖、叶基、叶脉、叶裂、叶缘等的变化类型，了解一些常用的叶形态描述术语；观察蚕豆、大豆、柑橘的叶，区分羽状复叶、掌状复叶、三出复叶、单身复叶；观察油菜或白菜叶的外形，了解叶的异形叶性；观察不同植物枝条上叶的着生方式，了解叶序的类型。

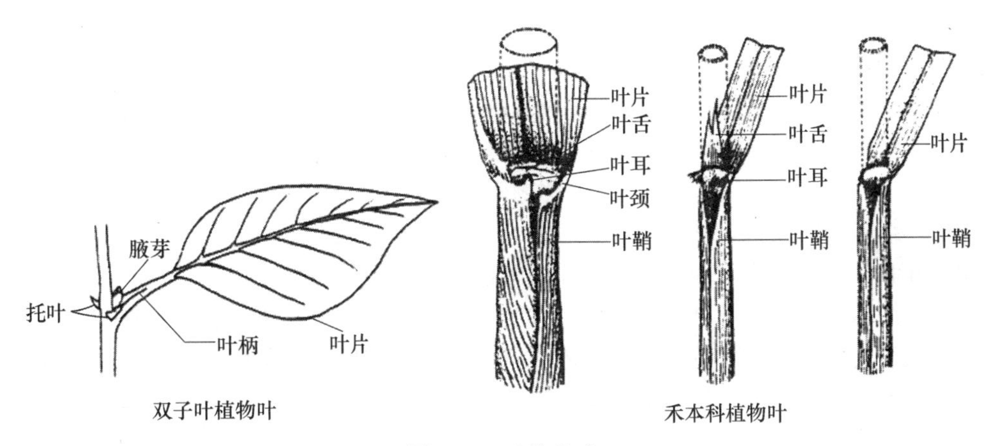

图 7－1　叶的组成
（引自徐汉卿，1996）

在观察的叶中，属于完全叶的植物有__________，为不完全叶的植物有__________。观察小麦或玉米的叶，由哪几部分组成？__________。

（二）双子叶植物叶的结构

1. 棉花叶片的结构

取棉花叶横切面制片置于显微镜下观察，先在低倍镜下区分叶的表皮、叶肉、叶脉（主脉和侧脉）三部分（图 7－2），然后在高倍镜下仔细观察各部分的结构特点。

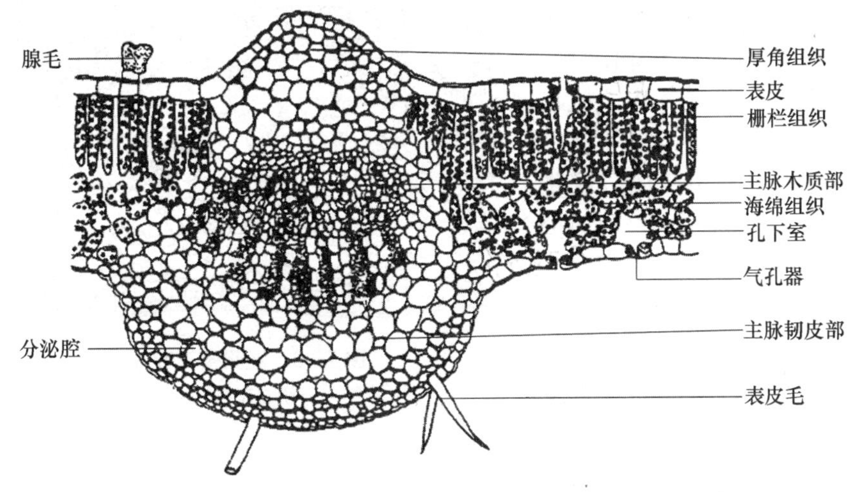

图 7－2　棉花叶片的横切面
（引自周仪，1993）

（1）表皮　位于叶的最外层，由一层长方形细胞组成，细胞排列紧密、整齐，细胞中不含叶绿体，外壁较厚，具角质层。有上、下表皮之分，叶的近轴面为上表皮（部分为两层细胞，称为复表皮），远轴面为下表皮，气孔较多。形态结构与茎的表皮相似。注意观察上、下表皮细胞角化程度和气孔器数目是否有差异。

(2) 叶肉 双子叶植物叶多为异面叶，分为栅栏组织与海绵组织。

叶肉是上、下表皮之间含有叶绿体的绿色同化组织的总称，叶肉明显分为栅栏组织和海绵组织两部分，为__________面叶。

① *栅栏组织* 直接与上表皮相连接，长圆柱形的单层细胞，细胞长轴与表皮垂直，排列较紧密，呈栅栏状，细胞中含有较多的叶绿体。

② *海绵组织* 位于栅栏组织和下表皮之间，由许多形状不规则的薄壁细胞组成，细胞排列疏松，细胞间隙较大，叶绿体含量较少，近气孔处形成孔下室。

(3) 叶脉 叶脉在横切面上可见大小不等的主脉和各级侧脉，以中脉最为发达，侧脉逐渐退化直至细脉末梢。主脉维管束发达，包括木质部、韧皮部和不发达的形成层三部分。木质部靠近上表皮，韧皮部靠近下表皮，木质部与韧皮部之间有不甚发达的形成层，其形成层分裂时间短，不进行次生生长。维管束上、下方靠近上、下表皮处有数层厚角组织。侧脉由维管束鞘、木质部和韧皮部组成，没有形成层。随着侧脉的变小，其木质部和韧皮部逐渐趋于简单化和原始化，细脉末梢仅由维管束鞘包围 1～2 个管胞和筛胞组成。侧脉维管束靠近表皮处的机械组织也逐渐减少直至消失。

2. 茶树叶片的结构

取茶树叶片横切面制片观察，茶树叶片与棉花叶片的结构相似，可明显的分为表皮、叶肉和叶脉三部分。其主要不同点有：①气孔主要集中在下表皮；②栅栏组织一般由 2 层（也有 1～3 层）圆柱形薄壁细胞组成；③在叶肉组织中，有的可见骨状石细胞，并有星状草酸钙结晶存在；④在主脉的上、下表皮内厚角组织发达。

3. 柑橘叶片的结构

柑橘叶片的结构也大体相似（图 7－3），其主要区别是：①在表皮细胞内，有个别细胞体积增大，伸入栅栏组织内，贮藏一些多棱形晶簇，称为含晶异细胞；②叶肉中分布有分泌腔，它是由一团分泌细胞成熟解体后形成的，是一种内分泌结构；③栅栏组织由 2～4 层（一般 3 层）圆柱形薄壁细胞组成；④中脉的横切面呈椭圆形，木质部居内方，韧皮部居外方，和茎的维管束排列相似。

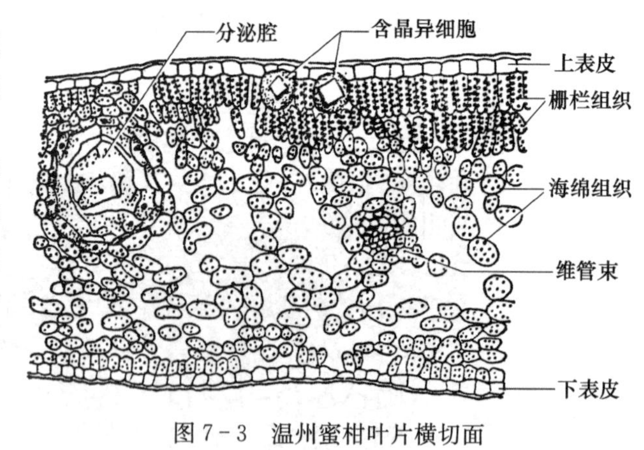

图 7－3 温州蜜柑叶片横切面
（引自李扬汉，1984）

（三）禾本科植物叶的结构

禾本科植物叶的结构与双子叶植物叶有很大的不同，它们的叶片没有栅栏组织和海绵组织之分（图 7－4），为等面叶。

1. 水稻叶片结构

取水稻叶横切面制片观察，在低倍镜下叶的结构可分为的表皮、叶肉、叶脉（主脉和侧脉）三部分，然后在高倍镜下仔细观察各部分的结构特点（图 7－4）。

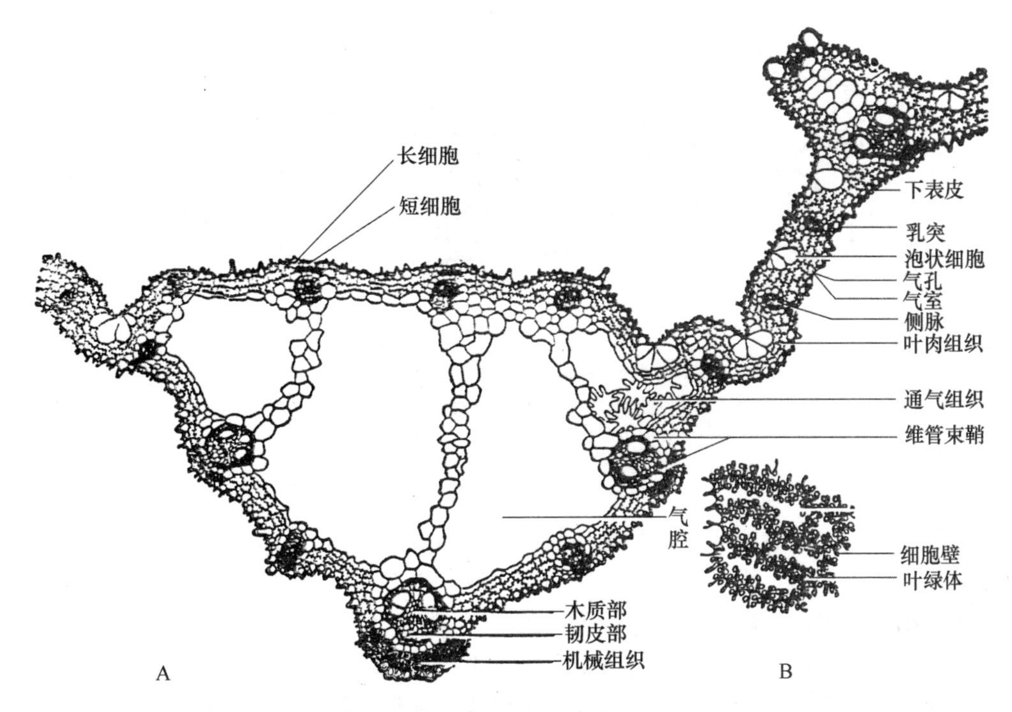

图 7-4　水稻叶片通过中脉的横切面

A. 叶片横切面　B. 叶肉细胞

（引自李扬汉，1984）

（1）表皮　分为上表皮和下表皮，上表皮由表皮细胞、气孔器和泡状细胞（或称运动细胞）有规律地排列而成。表皮细胞有长细胞和短细胞之分，长细胞的边缘呈波纹状，外壁上沉积许多硅质突起，短细胞有外壁有时生有针形或钩形的茸毛；气孔器排列成行，与维管束平行；在上表皮上相邻的两个叶脉之间，有几个大型的薄壁细胞，称为泡状细胞，横切面呈扇形，其长轴与叶脉平行，与叶片失水时卷曲有关。下表皮与上表皮大致一样，但无泡状细胞。

（2）叶肉　细胞同型，无栅栏组织和海绵组织的分化，属于等面叶。叶肉细胞形状不规则，细胞壁向内皱褶，细胞含丰富的叶绿体，并沿内褶的壁分布，胞间隙较小。

（3）叶脉　主脉向背面突出，横切面呈三角形，由多个维管束、一定量的薄壁细胞和厚壁组织组成，中央部分有几个大而分隔的气腔。维管束的结构与茎的相似，由木质部和韧皮部组成，无形成层，为有限维管束，木质部靠近上表皮，韧皮部靠近下表皮。维管束与上、下表皮间常有成束的机械组织。

2. 小麦叶片结构

取小麦叶横切面制片观察，小麦叶片横切面上同样分为表皮、叶肉、叶脉（主脉和侧脉）三部分（图 7-5）。

（1）表皮　在横切面上，除普通的表皮细胞外，在上表皮还可以看到介于两个维管束之间具有由 3～5 个扇形细胞组成的扇形结构，这些细胞称为泡状细胞，又称__________细胞。

（2）叶肉　无栅栏组织和海绵组织的分化，为等面叶。叶肉细胞同型，细胞壁内褶形成具有“峰、谷、腰、环”结构。注意：与水稻叶相比较有何区别?

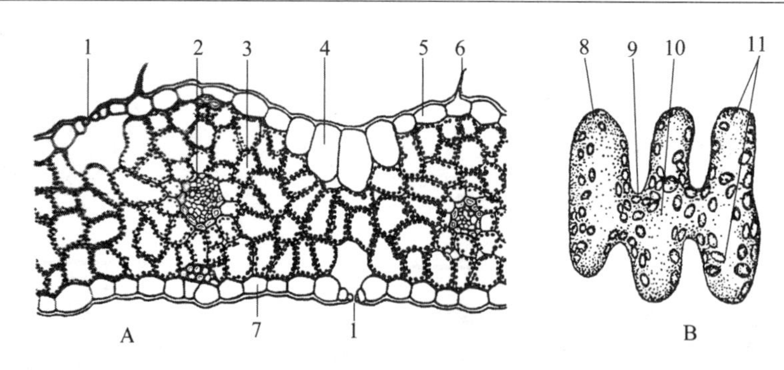

图 7－5　小麦叶的结构

A. 部分叶片横切面　B. 一个叶肉细胞

1. 气孔器　2. 叶脉　3. 叶肉　4. 泡状细胞　5. 上表皮　6. 表皮毛

7. 下表皮　8. 峰　9. 谷　10. 腰　11. 环

（引自丁春邦，2014）

（3）叶脉　为平行脉，与泡状细胞相间排列，由维管束鞘、机械组织和维管束组成。维管束的结构与茎的相似，维管束鞘由 2 层细胞组成，外层为较大的薄壁细胞，叶绿体含量较少，称护鞘细胞，内层为较小的厚壁细胞，此为 C_3 植物维管束鞘类型。维管束与上、下表皮间常有成束的厚壁细胞。在主脉处有多个维管束，连接维管束的薄壁细胞大量解体形成发达的通气组织。每个维管束由木质部和韧皮部组成，无形成层，木质部靠近上表皮，韧皮部靠近下表皮。侧脉的维管束只有 1 个，其结构与主脉维管束一样为有限外韧维管束。在主脉和较粗侧脉的维管束靠近表皮处具有发达的机械组织。

3. 玉米叶片结构

取玉米叶横切面制片观察，与小麦及水稻叶不同的是维管束鞘由单层薄壁细胞组成，细胞较大，排列整齐，内含多数较大的叶绿体，外侧连着一圈叶肉细胞，组成了“花环型”结构，此为 C_4 植物叶片的结构特征，同时这也代表了 C_4 植物叶的维管束鞘类型。

（四）不同生态环境条件下植物叶的结构特点

1. 旱生植物叶的结构特点

长期生活在干燥的气候和土壤条件下，能够正常保持生命活动的旱生植物，其叶片的结构特点主要是朝着降低蒸腾和贮藏水分两个方面发展。

取夹竹桃叶横切面制片观察，其叶片适应旱生环境的结构特点如下（图 7－6）。

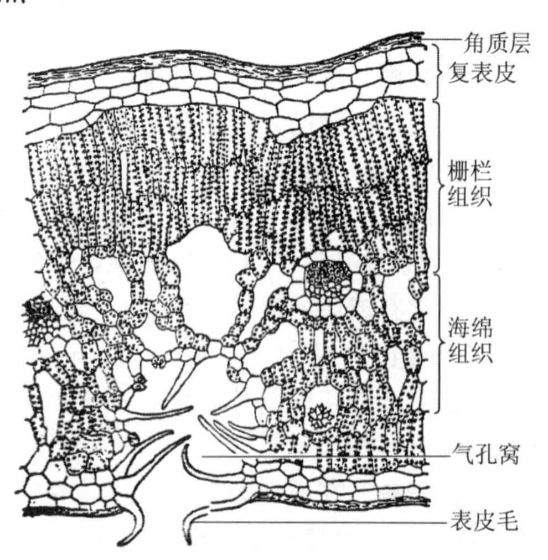

图 7－6　夹竹桃叶的横切面，示旱生结构

（引自贺学礼，2004）

（1）表皮　上、下表皮均由 2～4 层排列整齐而紧密的表皮细胞组成，外壁有发达的角质层，这种由多层细胞形成的表皮称为复表皮，表皮外有较厚的__________层；气孔分布于下表皮下陷的气孔窝内，气孔窝内密生表皮毛。

（2）叶肉　栅栏组织较发达，在上、下表皮处均有栅栏组织存在，且常有几层，海绵组织和胞间隙则不发达。

(3) 叶脉　夹竹桃的叶脉主脉较大，侧脉很小，结构同一般植物。

取芦荟叶横切面制片观察，比较其与夹竹桃叶结构的差异。芦荟叶为肉质植物，叶肥厚多汁，叶内有许多大型的薄壁细胞以贮存水分。做叶片横切的徒手切片，在显微镜下观察其内部的大型贮水细胞。

2. 水生植物叶的结构特点

水生植物可以直接从周围环境获得水分和溶解于水中的物质，但却不易得到充分的光照和良好的通气。在长期适应水生环境的过程中，水生植物的体内形成了特殊的结构，其叶片结构的变化尤为显著。

取金鱼藻叶横切面制片观察，金鱼藻是比较典型的水生植物，其对环境的适应性变化主要有：叶片呈丝状细裂，叶肉细胞层数少，没有栅栏组织和海绵组织的分化，形成发达的通气系统，有较大的气室，既有利于通气，又增加了叶片的浮力，但叶片中的叶脉很少，输导组织、机械组织和保护组织都很退化，表皮上没有角质膜或很薄，没有气孔。

取眼子菜叶横切面制片观察，叶片同样由表皮、叶肉和叶脉三部分组成（图 7-7）。由于它所处的水生环境，因此结构也发生了很大变化。表皮细胞壁薄，一般无角质层，细胞中常含有叶绿体，无气孔；叶肉不发达，无栅栏组织和海绵组织的分化，胞间隙特别发达，形成许多通气组织；叶脉中维管束极度退化，甚至看不到导管。

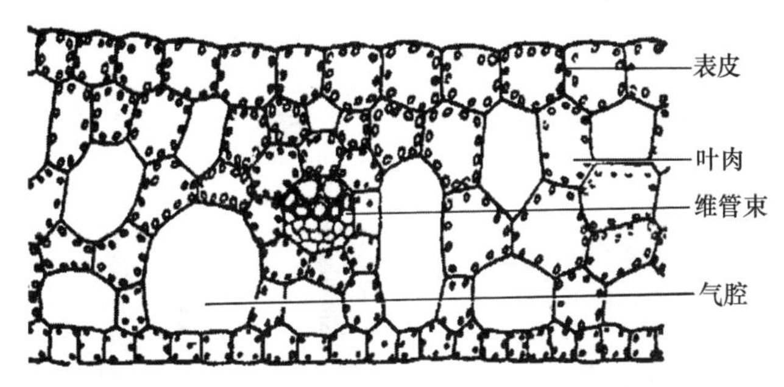

图 7-7　眼子菜属（菹草）叶横切面，示水生结构
（引自贺学礼，2004）

（五）裸子植物叶的结构

以松属植物为例，观察裸子植物叶片的结构。松属植物的叶片一般为半圆形或三角形（图 7-8），2～5 针一束生长。取松叶横切面制片观察，可见松叶可分为表皮、下皮层、叶肉、内皮层、转输组织和维管束，比较各部分的结构特点。

(1) 表皮　表皮外的角质层发达，表皮细胞排列紧密，细胞壁厚，无上、下表皮之分；气孔下陷到下皮层内，称为内陷气孔，在角质层处形成孔下室，具旱生叶结构特点，气孔器有一对保卫细胞和副卫细胞；表皮内方有 1 至多层厚壁细胞，称为下皮层。

(2) 叶肉　位于下皮层以内，由细胞壁内褶、含叶绿体的薄壁细胞组成，无栅栏组织和海绵组织的区分。叶肉组织内分布有树脂道。

(3) 维管束　维管束与叶肉之间有明显分化的内皮层，内皮层紧接叶肉成环状围绕维管束，由一层长椭圆形厚壁细胞组成，排列整齐，含有淀粉粒。在内皮层以内，有 2 个外韧维

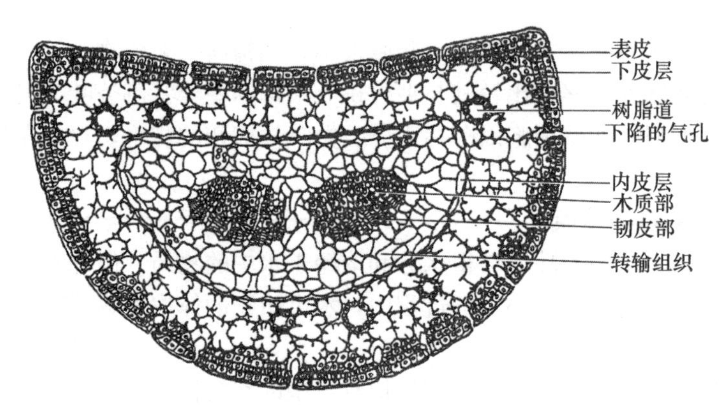

图 7－8　松针叶的结构

（引自周仪，1993）

管束，木质部在近轴一面，由径向排列的管胞和薄壁细胞相间隔组成，韧皮部位于远轴面，由筛胞和薄壁细胞径向排列组成。在维管束与内皮层之间，有几层紧密排列的转输组织包围着维管束，转输组织由生活的转输薄壁细胞（靠近韧皮部）和无生命的转输管胞（靠近木质部）组成。

（六）营养器官变态类型的观察

1. 根的变态（图 7－9）

(1) 贮藏根　这类变态根主要适应于贮藏大量营养物质，通常分为肉质直根和块根两种。

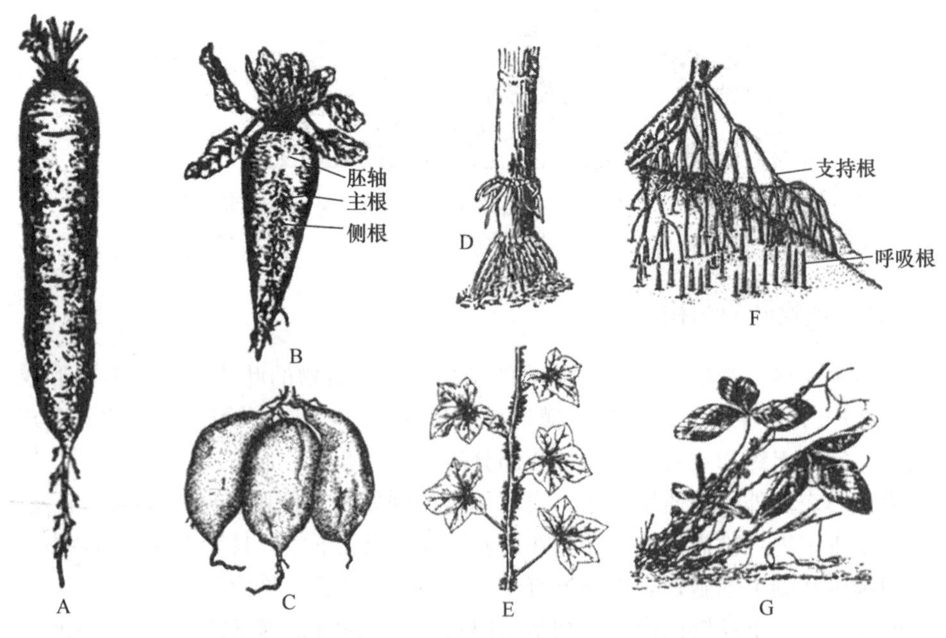

图 7－9　根的变态

A. 胡萝卜的肉质直根　B. 甜菜的肉质直根　C. 甘薯的块根　D. 玉米的支持根　E. 常春藤的攀缘根　F. 红树的支持根和呼吸根　G. 菟丝子的寄生根（吸器）

（引自李扬汉，1984）

①肉质直根　观察萝卜、胡萝卜、甜菜的肉质直根，其上部是由下胚轴发育而成，上面有极短的茎，顶端着生叶，不具侧根，下部由主根发育而成，表面具有纵列的侧根。

②块根　观察甘薯的块根，它由侧根或不定根的一部分膨大而成，外形较不规则，着生数列侧根。侧根着生处有时可见不定芽。

(2) 气生根　凡露出地面，生长在空气中的根均称为气生根。气生根因所担负的生理功能不同又分为支持根、攀缘根和呼吸根等。

①支柱根　观察玉米、高粱茎基部节上的支柱根，其主要功能是支持植物体，又称支持根。

②攀缘根　观察常春藤、爬山虎等植物茎的一侧所产生的气生根，具攀缘作用。

③呼吸根　如红树、水龙（*Jussiae repens* L.）产生一部分向上生长伸出地面的根为呼吸根，具有输送和贮存空气的作用。

(3) 寄生根　观察菟丝子蜡叶标本的吸器。

2. 茎的变态

(1) 地下茎的变态（图7-10）

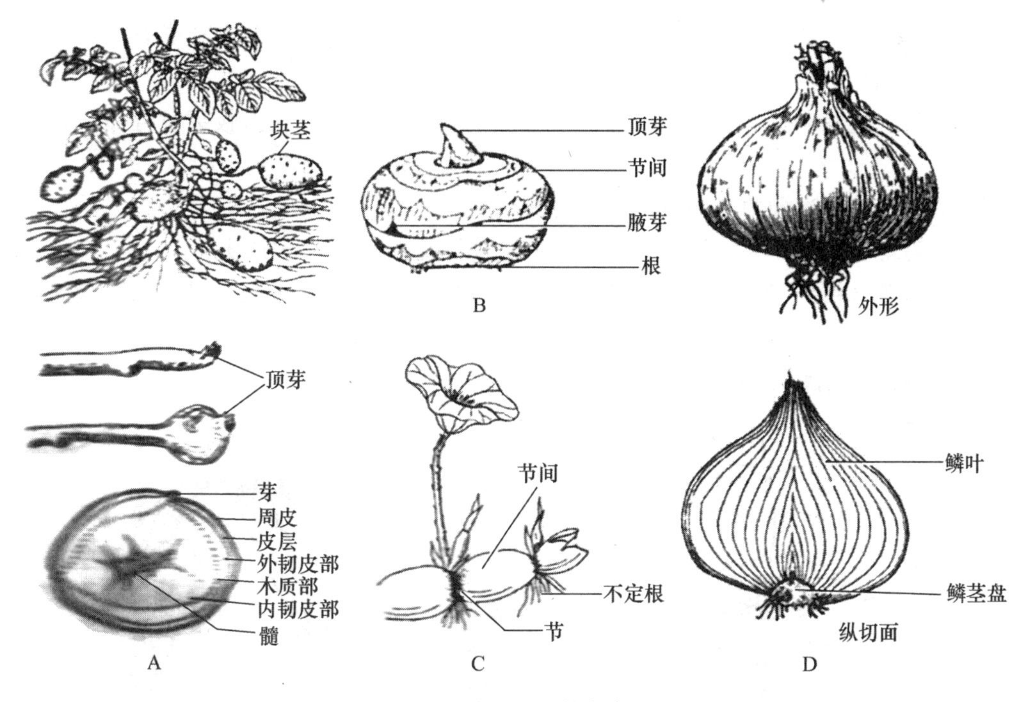

图7-10　地下茎的变态

A. 马铃薯的块茎　B. 荸荠的球茎　C. 莲的根状茎　D. 洋葱的鳞茎

（引自李扬汉，1984）

①根状茎　观察姜、莲藕等，它们形状像根，横生土中，但有明显的节和节间，具顶芽和侧芽，在茎节上可产生不定根。

②块茎　观察马铃薯块茎，区别出顶芽、腋芽、膜质鳞叶或其叶痕（芽眉），块茎上的凹陷称为芽眼，为节部，芽眼内的芽即为腋芽。

③鳞茎　观察洋葱鳞茎纵切面，鳞茎盘是节间极其缩短的茎，其上长有许多肉质的鳞叶。观察大蒜的鳞茎，与洋葱有何区别？

④ 球茎　观察荸荠、芋头、慈姑的肥大地下茎，略呈球形。区分顶芽、侧芽、节、节间和膜质鳞叶。

(2) 地上茎的变态（图7-11）

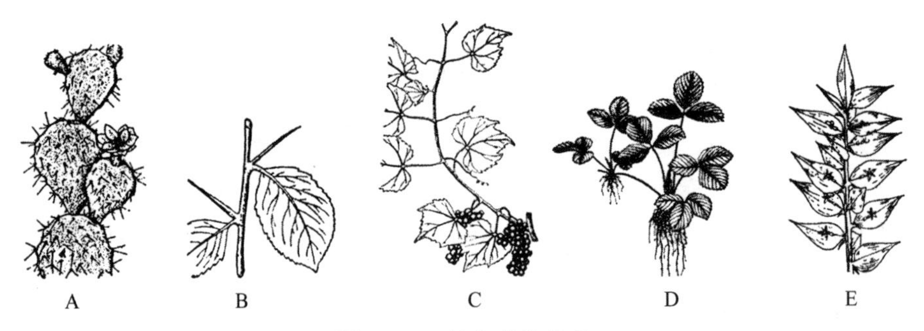

图7-11　地上茎的变态

A. 仙人掌属的肉质茎　B. 山楂的茎刺　C. 葡萄的茎卷须　D. 草莓的匍匐茎　E. 假叶树的叶状茎

（引自李扬汉，1984）

① 肉质茎　茎肥大多汁，常为绿色，有扁圆形、柱状、球形等多种形态。观察莴苣的茎、仙人掌、仙人球等。

② 茎刺　观察皂荚、枸杞等植物位于叶腋的茎（枝）刺，它由腋芽发育而成，有时有分枝。

③ 茎卷须　观察葡萄或葫芦科植物的卷须。

④ 匍匐茎　观察草莓、蛇莓的茎，细长呈匍匐状，节上生不定根。

⑤ 叶状茎（枝）　观察竹节蓼、昙花等植物的茎，叶退化，茎变扁平呈绿色代替叶行使光合作用的功能。

3. 叶的变态（图7-12）

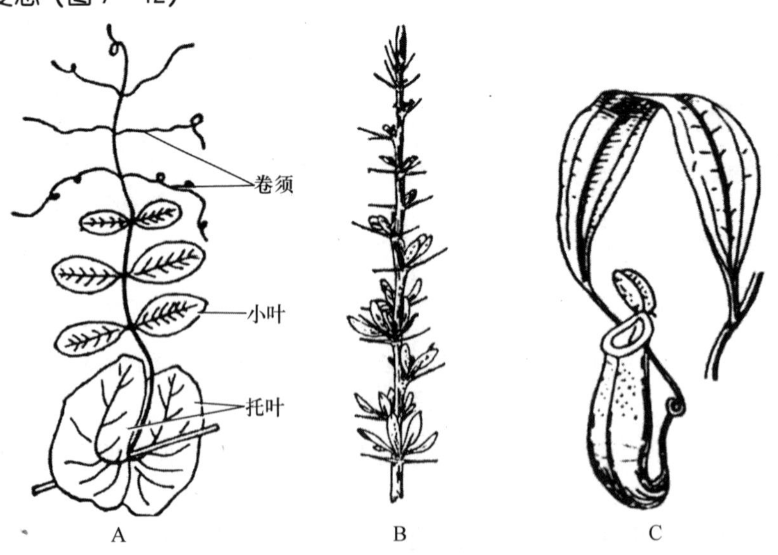

图7-12　几种叶的变态

A. 豌豆的叶卷须　B. 小蘗的叶刺　C. 猪笼草的捕虫叶

（引自李扬汉，1984）

(1) 鳞叶　叶特化或退化成鳞片状。观察洋葱、百合、大蒜、水仙等标本，其鳞茎盘上的肉质和膜质的叶都为鳞叶。

(2) 叶卷须　由叶或叶的一部分变态为卷须，观察豌豆羽状复叶先端的小叶卷须。

(3) 叶刺　观察仙人掌等的标本，其肉质茎上的刺为叶刺。另外洋槐、刺槐具托叶刺。

(4) 苞片和总苞　苞片是生于花下的变态叶，如棉花花萼外的三个苞片（副萼）。位于花序基部的许多苞片，总称总苞，如菊科植物头状花序外的绿色叶状体。

(5) 捕虫叶　有些植物的叶变态成盘状或瓶状，为捕食小虫的器官，称捕虫叶。具有捕虫叶的植物称为捕虫植物。如猪笼草。

四、作业

1. 绘棉花叶片横切面结构图，并引线注明各部分名称。
2. 绘水稻叶片横切面结构图，并引线注明各部分名称。
3. 将你所观察到的营养器官变态情况列表归类。

五、思考题

1. 比较双子叶植物叶片与单子叶禾本科植物叶片结构上的异同。
2. 在显微镜下，如何从维管束的结构上区别 C_4 植物玉米叶片和 C_3 植物小麦叶片？
3. 从结构上看，叶是怎样适应不同的生态条件的？
4. 根据对各类变态器官的观察，综述区别变态器官来源的依据。
5. 举例阐述同功器官和同源器官的概念。

实验八　花的组成、雄蕊与雌蕊的结构

一、目的与要求

1. 了解花的各个组成部分的形态、类型和功能。
2. 了解并掌握雄蕊的基本结构和类型，花药和花粉粒的形态结构及发育过程。
3. 了解并掌握雌蕊的基本结构和类型，子房的结构与类型，胚珠的结构、类型与发育，胚囊的结构及发育过程。

二、仪器、用具与材料

1. 仪器与用具

显微镜、放大镜、镊子、载玻片、盖玻片、刀片、花的模型等。

2. 材料

(1) 新鲜材料　白菜、油菜、桃、紫云英、豌豆、蚕豆、紫藤、月季、蔷薇、棉、木槿、向日葵，荠菜等的花，水稻、小麦等禾本科植物的花序等。

(2) 永久制片　百合幼嫩花药横切面制片，百合成熟花药横切面制片，小麦花药横切面制片，棉花、百合子房横切面制片，松小孢子叶球制片、大孢子叶球制片。

三、内容与方法

（一）花的类型

花是节间极短而不分枝的，适应于生殖的变态枝。花的各部分组成为变态叶。一朵典型的花由花萼、花冠、雄蕊群和雌蕊群4轮组成，由外至内依次着生于花柄（梗）顶端的花托上（图8－1）。根据花的组成，分为完全花和不完全花。

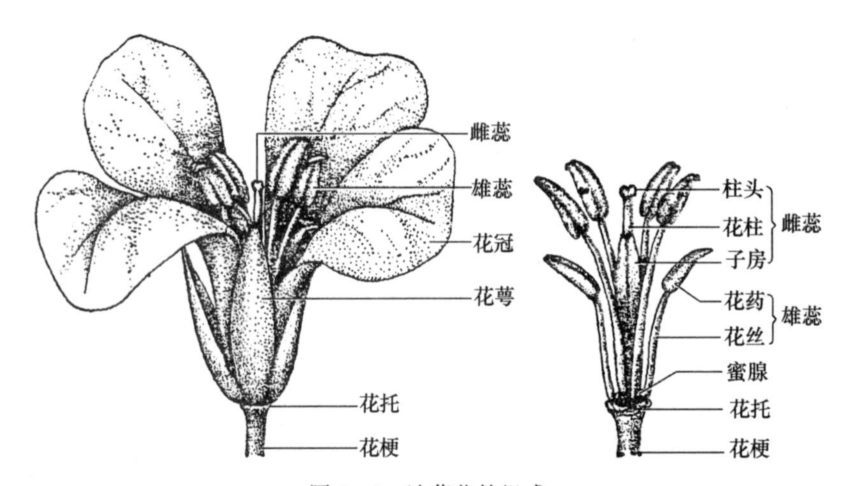

图8－1　油菜花的组成

A. 花的全貌　B. 除去花萼与花冠（示雄蕊和雌蕊）

（引自丁春邦，2014）

（1）完全花　具有花萼、花冠、雌蕊、雄蕊四部分的花，如桃。

（2）不完全花　花萼、花冠、雌蕊、雄蕊四部分中的一部分或几部分缺失的花，如黄瓜。

（二）花的组成

取下列不同植物的花进行解剖观察，注意不同植物花的特点、花瓣的排列方式以及雄蕊、雌蕊的类型及数目和子房类型等。

1. 油菜花或白菜花的观察

取一朵油菜花或白菜花由外至内观察其组成（图8－1）。

（1）花柄（花梗）　着生花的小枝，将花朵展布于一定的空间位置。

（2）花托　花柄顶端着生花萼、花冠、雄蕊群、雌蕊群的部分。

（3）花萼　花最外一轮变态叶，由萼片（sepal）组成，常呈绿色，其结构类似叶，萼片4枚分离，为离萼，开花后脱落。

（4）花冠　位于花萼内轮，由4瓣、黄色、分离的花瓣组成，称为离瓣花。由于花瓣排列成十字形，故称十字形花冠。花瓣形状、大小相同，通过花的中心做任意直线，均能将花分成相等的两半，故属整齐花（辐射对称）。

（5）雄蕊群　位于花冠的内方，雄蕊6枚，排列成两轮，外轮2枚较短，内轮4枚较长，称为四强雄蕊。每枚雄蕊由两部分组成，细长的部分为花丝；顶端的囊状物称为花药。

在花丝的基部，还可见到 4 颗绿色的突起物，即为蜜腺。

（6）雌蕊群　位于花的中央，1 枚，圆柱状，由子房、花柱和柱头组成。子房的基部着生于花托上，为子房上位。用刀片将子房做横切面，用放大镜或体视显微镜（解剖镜）进行观察，可见一假隔膜将子房分为假二室，侧膜胎座，这种雌蕊为二心皮合生的复雌蕊。

通过上述观察，可见油菜花或白菜花为整齐花，十字形花冠，四强雄蕊，花萼与花冠的排列方式是镊合状。

2. 紫云英或蚕豆花的观察

取一朵紫云英或蚕豆花进行观察。注意与白菜花、油菜花加以比较。

（1）花萼　五枚，不整齐，下部联合成筒状，为合萼。

（2）花冠　五枚，离生，不整齐。外面的一瓣最大，称为旗瓣；两侧的两瓣，同形，称为翼瓣；最内的两瓣其下缘常稍合生，称为龙骨瓣，又称蝶形花冠。

（3）雄蕊群　十枚，九枚雄蕊的花丝联合，包围于子房之外，一枚雄蕊分离，称为二体雄蕊。

（4）雌蕊群　一枚，一心皮构成，略呈长三角形，花柱向子房一侧弯曲。

3. 禾本科植物的花和小穗观察

（1）小麦的小穗观察　取小麦的一个小穗观察，每一小穗外面有两个颖片，其中包着 3～7 朵小花，上部的小花通常不孕。每朵小花由下列各部分组成（图 8－2）。

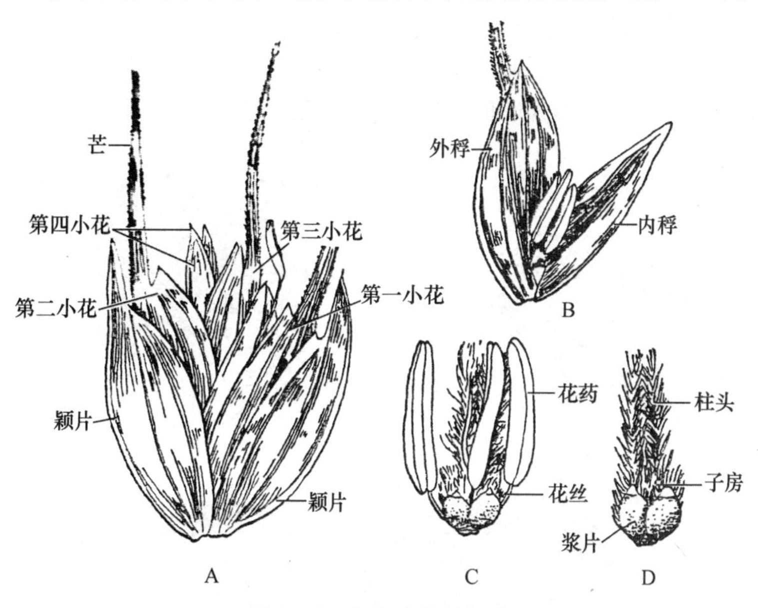

图 8－2　小麦小穗的组成

A. 小穗　B. 小花　C. 雄蕊　D. 雌蕊和浆片

（引自徐汉卿，1996）

① 外稃　位于每朵小花的外侧，其先端常有芒。

② 内稃　位于内侧，比外稃小，无芒。

③ 浆片　在外稃之内的两个肉质透明小片。开花时吸水膨胀，使内、外稃张开，便于传粉。

④ 雄蕊　3 枚，位于子房基部近外稃的一侧，花药很大，花丝较短，开花时迅速伸长。

⑤ 雌蕊　一枚，有两个羽毛状的柱头，花柱极短，子房上位。

（2）水稻小穗的观察　取水稻小穗进行观察，水稻小穗由 1 朵小花和 1 对颖片组成。小花的组成与小麦相似，同样是由外稃、内稃、浆片、雄蕊和雌蕊组成（图 8－3）。唯一不同的是雄蕊的数量不同，水稻有 6 枚雄蕊，而小麦仅 3 枚。

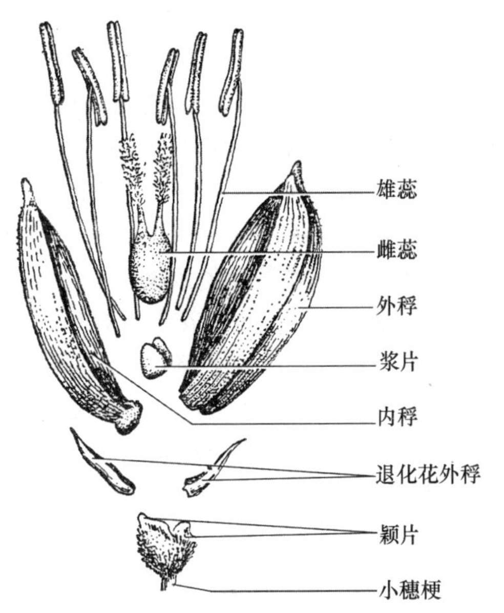

图 8－3　水稻小穗的组成

（引自李扬汉，1984）

（三）雄蕊花药的结构

1. 百合幼嫩花药的结构

取百合幼嫩花药横切面制片进行观察，花药的横切面上花药呈蝴蝶形（图 8－4），每个药隔位于中央，药隔两侧各有两个花粉囊。药隔由药隔薄壁细胞和药隔维管束组成。药隔维管束为周韧维管束。花粉囊壁由多层细胞组成，由外向内依次为表皮、药室内壁、中层和绒毡层。表皮是花粉囊壁的最外层，由一层细胞组成，细胞排列整齐，有气孔分布，表皮外表具角质层；药室内壁位于表皮的内层，由 1 层细胞组成；中层位于药室内壁的内方，由 1～3 层扁平细胞组成；绒毡层是花粉囊壁的最内一层细胞，它与囊内的造孢细胞直接毗连，绒毡层细胞较大，细胞质浓，细胞器丰富，初期细胞中单核，后来则形成双核、多核或多倍体核结构。花粉囊内为造孢细胞、花粉母细胞或花粉母细胞减数分裂各时期细胞。

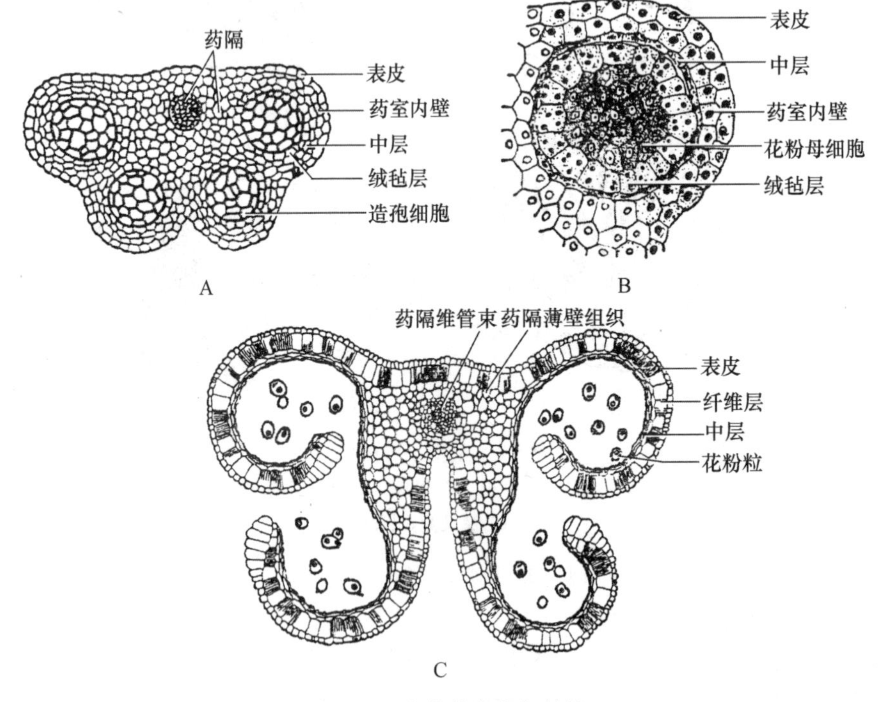

图 8－4　花药的发育与结构

A. 幼嫩花药　B. 一个花粉囊放大（示花粉母细胞）　C. 已开裂的花药（示花药的结构及成熟花粉粒）

（引自李扬汉，1984）

2. 百合成熟花药的结构

取成熟的百合花药横切面制片观察，成熟花药的花粉囊壁其外一层为表皮细胞，第二层细胞壁产生条纹状加厚，称为纤维层。绒毡层细胞已破坏而消失。中层细胞在花药发育过程中被挤压逐渐解体和被吸收，在百合成熟的花药，可保留部分中层，并发生纤维层那样的加厚。花粉囊之间的间隔消失形成一个大腔，腔内尚有未散发出的成熟花粉粒。

3. 油菜成熟花药的结构

取油菜成熟花药横切面制片观察（图 8－4），并与幼嫩花药进行比较。它们之间有何变化？

另外，取水稻、小麦、桃、茶等植物花药横切面制片进行观察，试比较它们与油菜和百合花药结构的异同点。

（四）雌蕊子房和胚珠的结构及胚囊的形成与发育

1. 子房结构的观察

（1）油菜子房　取油菜子房纵、横切面永久制片观察，横切面上可见油菜子房由两个心皮构成，中间有假隔膜，形成假二室。假隔膜与子房壁的连接为腹缝线，胚珠着生在腹缝线上，呈 4 纵列，侧膜胎座，每一心皮中部有一维管束，为背束。纵切面上可见柱头、花柱和子房三部分，假隔膜清晰。

（2）百合子房　取百合子房横切或徒手切片做成临时装片，置显微镜下观察，对照图解，识别子房结构，然后选一个切面较完整的胚珠进行观察，了解胚珠和胚囊的结构。百合雌蕊是由三心皮联合而成的复雌蕊，主要由子房壁、子房室、胎座和胚珠组成，横切面上可见有__________个子房室，每室中可见到__________个胚珠（实为纵向两列）。胚珠着生处为胎座。百合胚珠着生在中轴上，所以为__________胎座。子房壁的最外面一层细胞称为外表皮，最内一层细胞称为内表皮，内外表皮之间为薄壁细胞；在对着每一子房室中央凹陷处的子房壁中可见到一维管束穿过，该维管束称为背束；子房壁外部有一凹陷，此处为背缝线；每二子房室之间为二心皮结合处，子房壁在此处也有一凹陷，为腹缝线，此处有一维管束，称腹束。此外在胎座中也有较小的维管束。

（3）棉花子房　取棉花子房横切面永久制片，置显微镜下观察，棉花子房由 3～5 心皮构成，子房 3～5 室，心皮联合于中轴处，胚珠也着生在中轴上，称中轴胎座。

（4）蚕豆和紫云英子房　取蚕豆、紫云英子房横切做临时装片，置于显微镜下观察，可见蚕豆、紫云英由一个心皮构成，仅有一个子房室，室内着生数个胚珠。胚珠着生的地方称为胎座，胚珠着生子房壁腹缝线一边，为边缘胎座。

2. 胎座类型的观察

胚珠在子房内心皮愈合处着生的部位称胎座。结合各类果实的解剖（横、纵切）进行观察，常见的胎座有下列几种类型（图 8－5）。

（1）边缘胎座　单雌蕊，子房一室，胚珠着生在心皮边缘，即腹缝线上，如大豆等豆科植物。

（2）侧膜胎座　复雌蕊，子房一室或假数室，胚珠着生在两个心皮相连的腹缝线上，如白菜、南瓜、冬瓜、紫花地丁等。

（3）中轴胎座　复雌蕊，子房多室，胚珠着生在两个心皮愈合的中轴上，其子房数目和心皮数目相等，如棉、龙葵、柑橘、百合等。

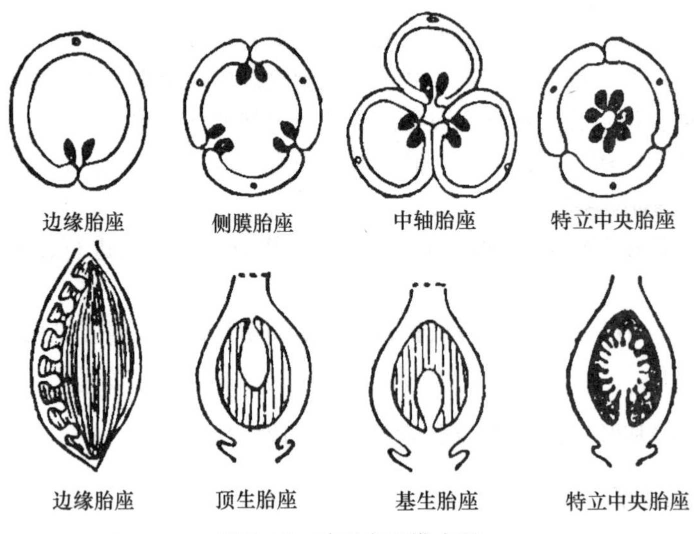

图 8-5　胎座类型模式图
（引自李扬汉，1984）

（4）特立中央胎座　复雌蕊，子房一室，胚珠着生在隔膜消失后留下的独立中轴周围。此胎座初期多发育为中轴胎座，以后各室隔膜消失，中轴上部也消失，而成 1 室，如石竹、马齿苋、报春花等。

（5）基生胎座　由 1～3 个心皮组成，子房一室，胚珠一枚生于子房基部，如紫茉莉（一心皮）向日葵（二心皮）大黄（三心皮）。

（6）顶生胎座　由 1～3 个心皮组成，子房一室，胚珠一枚生于子房室的顶部，如眼子菜（一心皮）瑞香（二心皮）樟（三心皮）。

3. 胚珠的组成

选其中一个胚珠，详细观察下列各个组成部分（图 8-6）。

（1）珠柄　发育成的柄状结构，与心皮相连。较粗而短，胚珠以珠柄着生在胎座上。

（2）珠被　一般有 1～2 层珠被，在外方的为＿＿＿＿＿珠被，在内方的为内珠被（靠近珠柄的一侧往往只有一层珠被）。

（3）珠孔　珠心最前端留下的一条未愈合的孔道。珠被在一端合拢处，留有一狭沟，即珠孔（由于珠孔很窄，正好切到它的机会不多，故在切片上不易见到）。

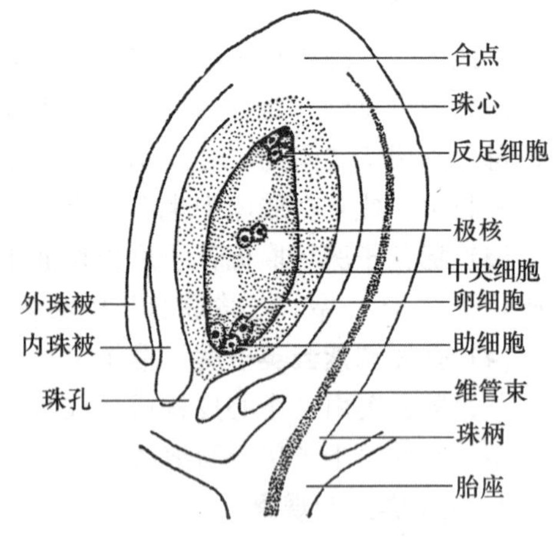

图 8-6　成熟胚珠的结构
（引自李扬汉，1984）

（4）珠心　位于珠被之内，由薄壁细胞组成。随着珠心的发育，胚囊占据珠心的大部分。

（5）合点　与珠孔相对的一端，在珠心基部，珠被与珠心和珠柄联合的区域。

四、作业

1. 根据花的解剖观察，写出十字花科和豆科植物的花程式。

2. 绘百合花药横切面详图，并引线注明各部分名称。
3. 绘油菜子房横切面简图，并引线注明各部分名称。

五、思考题

1. 花由哪几部分组成？
2. 简述花药的结构及花粉粒的发育过程。
3. 被子植物的雄配子体和雌配子体、雄配子和雌配子各指何物？
4. 简要叙述胚珠和胚囊的发育过程。

实验九　花序、果实的类型和种子的结构

一、目的与要求

1. 了解并掌握花序类型和果实类型。
2. 了解双子叶植物和单子叶植物胚的发育。
3. 了解种子的结构与类型、种子的萌发过程与幼苗类型。

二、仪器、用具与材料

1. 仪器与用具

解剖镜、放大镜、显微镜、镊子、刀片等。

2. 材料

(1) 新鲜材料　荠菜、白菜、苹果、车前、柳树、毛白杨、丁香、胡萝卜、向日葵、马蹄莲、无花果、益母草、附地菜、鸢尾、石竹、唐菖蒲、洋槐和葱等的花序标本，常见的各种果实的新鲜标本、浸制标本或干标本，蓖麻种子、蚕豆种子、小麦颖果、玉米颖果，蚕豆幼苗、大豆幼苗。

(2) 永久制片　不同发育阶段的荠菜子房纵切片、不同发育阶段的小麦子房纵切片、蓖麻种子制片、小麦颖果纵切片、玉米颖果纵切片。

三、内容与方法

(一) 花序的类型

有些植物如玉兰等的花，是单独生在茎的顶端或叶腋，这种花叫做单生花。但大多数植物如油菜、水稻、小麦、向日葵等，是许多花按照一定的方式和顺序排列在花序轴上，形成花序。花序轴亦称花轴，可以分枝或不分枝。根据花序轴分枝的方式和开花顺序，将花序分为无限花序和有限花序两大类。

1. 无限花序

开花的顺序是花序轴基部的花先开，然后向上依次开放，或由边缘向中心依次开放。在开花期花序轴可以不断生长（图 9－1）。

(1) 单总状类花序（又称简单花序）　指花序轴不分枝的总状类花序。

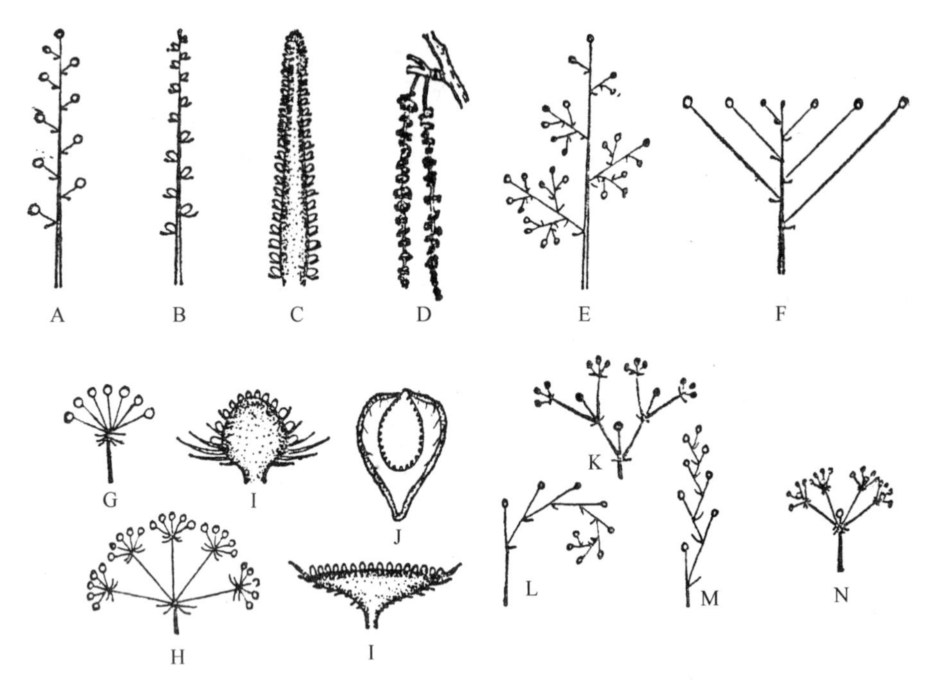

图 9-1　花序的类型

A. 总状花序　B. 穗状花序　C. 肉穗花序　D. 柔荑花序　E. 圆锥花序　F. 伞房花序　G. 伞形花序
H. 复伞形花序　I. 头状花序　J. 隐头花序　K. 二歧聚伞花序　L、M. 单歧聚伞花序　N. 多歧聚伞花序
（引自贺学礼，2004）

① 总状花序　花有梗，排列在一不分枝且较长的花轴上，花轴在开花过程中能继续增长，如油菜、萝卜、荠菜等。

② 穗状花序　与总状花序相似，只是小花无梗，如车前、大麦等。

③ 肉穗花序　基本结构与穗状花序相似，但其花序轴肉质化膨大。如玉米的雌花序。一些肉穗花序外被一大型苞片包被，称佛焰苞，这种花序称佛焰花序，如马蹄莲、半夏等。

④ 柔荑花序　无柄的单性花排列在一细长柔软的花轴上，通常下垂，花后整个花序或连果一起脱落，如桑、麻柳等。

⑤ 伞房花序　花有梗，排列在花轴的近顶端，下边的花梗较长，向上较短，花排列在一个平面上，如梨、苹果。

⑥ 伞形花序　花梗近等长，均生于花轴的近顶端，形状似张开的伞，如人参、五加等。

⑦ 头状花序　花无梗，集生于一平坦或隆起的花序轴上，形成一头状体，如菊、向日葵等。

⑧ 隐头花序　花集生于肉质中空的花序轴的内壁上，为总花序轴所包围，如无花果等。

（2）复总状类花序（又称复合花序）　为花轴具分枝，每一分枝上又呈现上述形态的一种花序。常见的有以下几种。

圆锥花序：又称复总状花序，在长花序轴上分生许多小枝，每小枝自成一总状花序，如南天竹、丝兰、水稻等。

复穗状花序：花序有 1 或 2 次分枝，每小枝自成一个穗状花序，如小麦等。

复伞形花序：花轴顶端丛生若干长短相等的分枝，各分枝又成为一个伞形花序，如胡萝卜、芹菜等。

复伞房花序：花轴上的分枝成伞房状排列，每一分枝又自成一个伞房花序，如绣线菊等。

2. 有限花序

有限花序又称聚伞类花序。开花顺序是顶端花先开，基部花后开，或者是中心花先开，边缘花后开。花序轴较早失去生长能力，不能继续向上延伸（图 9-1)。

(1) 单歧聚伞花序　花序轴顶花开放后，其后仅有一侧芽开放长成侧轴；侧轴上仍是顶花开放，如此反复分枝，即开成单歧聚伞花序。若侧枝是左右间隔发生，就形成了蝎尾状聚伞花序，如鸢尾、唐菖蒲等；若侧枝都在同一方向发生，就形成螺旋状聚伞花序（或称卷伞花序)，如黄花菜、萱草等。

(2) 二歧聚伞花序　花序轴顶花开放以后，其下有一对侧芽同时发育长成侧枝，侧枝顶花开放后，又以同样方式长出分枝，如此反复，即形成二歧聚伞花序，如石竹、卷耳等。

(3) 多歧聚伞花序　花序轴顶花开放以后，在下面同时发生几个侧枝，这种花序类型为多歧聚伞花序，如大戟的花序。

(4) 轮伞花序　由着生于对生叶叶腋的花序轴缩短的聚伞花序构成，如益母草、薄荷等。

取荠菜、白菜、车前、柳、丁香、胡萝卜、向日葵、半夏、无花果、益母草、附地菜和葱等不同植物的花序标本，观察其形态特点，并判断属于何种花序类型。

（二）果实的结构与类型

通过不同果实的观察，区分真果与假果。

1. 真果的结构

真果是仅由子房发育而来的果实，观察桃的果实，最外层较薄而有毛是外果皮，其内肥厚肉质多汁供食用部分为中果皮，内果皮坚硬，其内合一粒种子（图 9-2)。

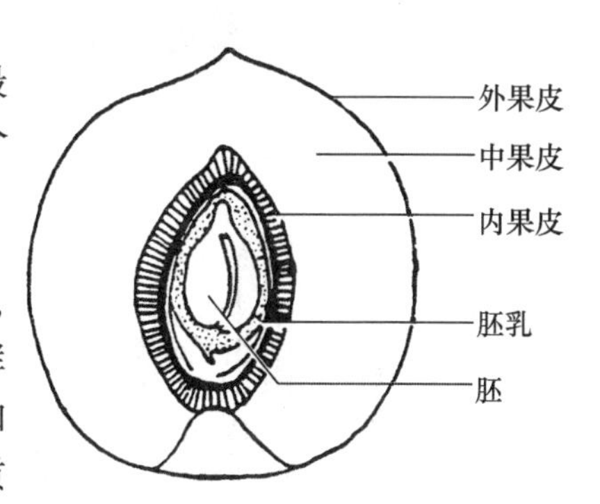

图 9-2　桃果实的纵切面
（引自徐汉卿，1996）

2. 假果的结构

假果的结构比较复杂，除由子房发育而成的果皮外，还有其他部分参与果实的形成。观察苹果（或梨）新鲜果实横切面或液浸标本。苹果（或梨）是由下位子房和花筒愈合发育来的肉质假果。花筒与外、中果皮均肉质化，无明显界线，为食用部分；内果皮木质化，常分隔成 4～5 室，中轴胎座，每室含两粒种子（图 9-3)。

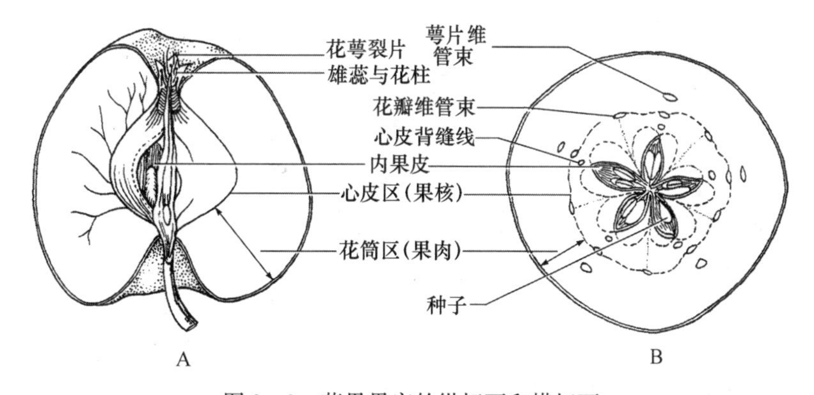

图 9-3　苹果果实的纵切面和横切面
A. 纵切面　B. 横切面
（引自强胜，2006）

（三）果实的类型

果实可分为三大类，即单果、聚合果和聚花果（复果）。取各种果实进行横切、纵切或用其他方法解剖观察，对照挂图，识别果实各部分的来源和结构特点，识别主要果实类型的特征。

1. 单果

单果是由一朵花的单雌蕊或复雌蕊的子房发育形成的果实。根据果皮及其附属物的质地不同，单果可分为肉质果和干果两类，每类再分为若干类型。

（1）肉质果 果皮或果实的其他部分成熟后肉质多汁（图 9－4）。

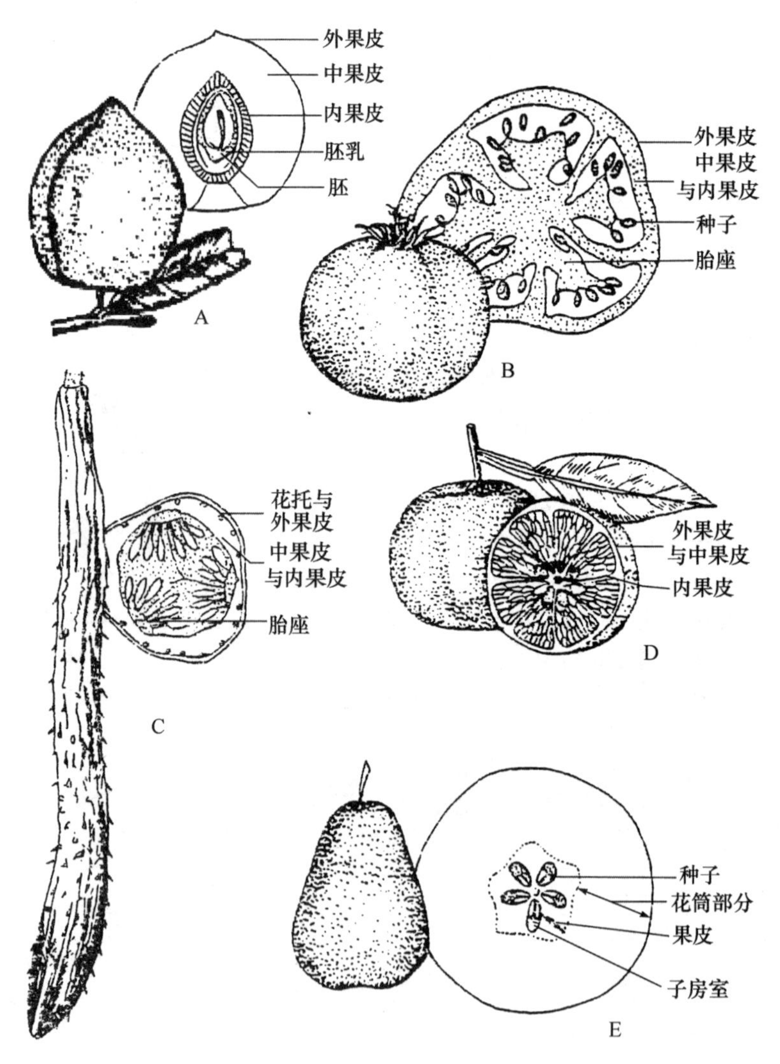

图 9－4 肉质果的主要类型

A. 核果（桃） B. 浆果（番茄） C. 瓠果（黄瓜）

D. 柑果（柑橘） E. 梨果（梨）

（引自徐汉卿，1996）

① 浆果　由一至数心皮组成，外果皮膜质，中果皮、内果皮均肉质化，充满液汁，内含一粒或多数种子，如葡萄、番茄、茄、柿等。

② 柑果　由复雌蕊形成，外果皮革质，并有许多油囊；中果皮较疏松，分布有维管束；中央隔成瓣的是内果皮，向内生长许多肉质多浆的汁囊，是食用的主要部分；中轴胎座，每室种子多数，如柑橘、柚、橙等的果实。

③ 瓠果　为葫芦科植物特有的一类浆果，是由三心皮、下位子房、侧膜胎座发育而来的假果。花托与外果皮结合形成坚硬的外果皮，中果皮与内果皮肉质，胎座常很发达，如冬瓜、南瓜、西瓜和黄瓜等瓜类。南瓜、冬瓜等供食用的部分主要是果皮，西瓜供食用的部分主要是胎座。

④ 梨果　由花筒与子房合生一起发育形成的假果。花筒形成的果壁与外果皮及中果皮均肉质，内果皮革质，中轴胎座，如梨、苹果等。

⑤ 核果　由一至多个心皮组成，种子常1粒，内果皮木质，坚硬，包于种子之外，构成果核。有的中果皮肉质，为主要的食用部分，如桃、李、梅、杏、枣等植物的果实。

(2) 干果　果实成熟后，果皮干燥。根据果实成熟后果皮是否开裂以及心皮数目可分为裂果和闭果。

① 裂果　果实成熟后果皮干燥而开裂，根据心皮的数目和开裂方式的不同又可分为以下几种（图9-5）。

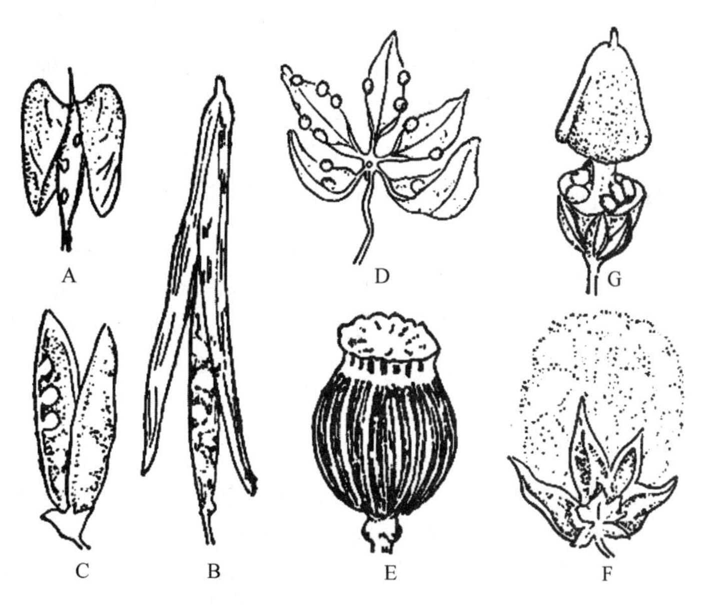

图9-5　裂果的主要类型

A. 荠菜的短角果　B. 油菜的长角果　C. 豌豆的荚果　D. 梧桐的聚合蓇葖果
E. 虞美人的蒴果　F. 棉花的蒴果　G. 车前草的蒴果
（引自李扬汉，1984）

荚果：由单雌蕊发育而成的果实，成熟时果皮沿背、腹缝线同时开裂，如豆类的果实。但花生的荚果生长在土里，不开裂。含羞草等的荚果呈分节状也不裂开而成节荚。

蓇葖果：由单雌蕊发育而成的果实，成熟时果皮仅沿一条缝线（背缝线或腹缝线）裂开，如梧桐、飞燕草、八角茴香的果实。

角果：由 2 心皮的复雌蕊子房发育而成，具假隔膜，侧膜胎座，成熟后果皮沿两条缝线同时开裂，如油菜、白菜等十字花科植物的果实。根据果实长短不同，又有长角果和短角果之分，前者如油菜、萝卜等，后者如荠菜、独行菜等。角果也有不开裂的，如萝卜的果实。

蒴果：由两个或两个以上心皮的复雌蕊子房形成，成熟后有各种开裂方式，如棉花、百合、茶、石竹、车前等的果实。

② 闭果　果实成熟后果皮干燥但不开裂，根据果皮及心皮的情况可分为以下几种（图 9－6）。

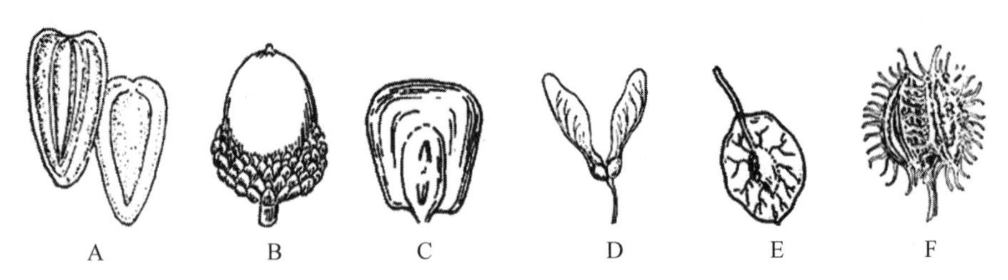

图 9－6　闭果的主要类型

A. 向日葵的瘦果　B. 栎的坚果　C. 玉米的颖果　D. 槭树的双翅果　E. 榆树的周翅果　F. 胡萝卜的分果

（引自李扬汉，1984）

瘦果：由单雌蕊或 2～3 个心皮合生的复雌蕊子房发育而成，子房一室，内含一粒种子，果皮与种皮易于分离，如向日葵、荞麦等。

颖果：由 2～3 心皮的复雌蕊子房发育而成，子房一室，内含一粒种子，但果皮与种皮愈合不易分开，如水稻、小麦、玉米、竹类等植物的果实。

坚果：果皮坚硬，内含一粒种子，果皮与种皮分离，如板栗、茅栗等的果实。

翅果：果皮沿一侧、两侧或周围延伸成翅状，以适应风力传播。如麻柳、臭椿、三角枫等的果实。

分果：由 2 个或 2 个以上心皮的复雌蕊子房发育而成，各室含一粒种子，成熟时各心皮沿中轴分离开，但各心皮不开裂，如锦葵、蜀葵等。其他如胡萝卜等伞形花科植物的果实成熟后分离为两个瘦果悬挂于中央果柄上端的心皮柄上，又称为双悬果。唇形科和紫草科植物的果实成熟后分离成四个小坚果。

2. 聚合果

由一朵花中多数离生单雌蕊和花托共同发育而成的果实。每一个雌蕊形成一个单果（小果），许多单果聚生在花托上，称聚合果，根据小果性质不同，可分为以下几种（图 9－7）。

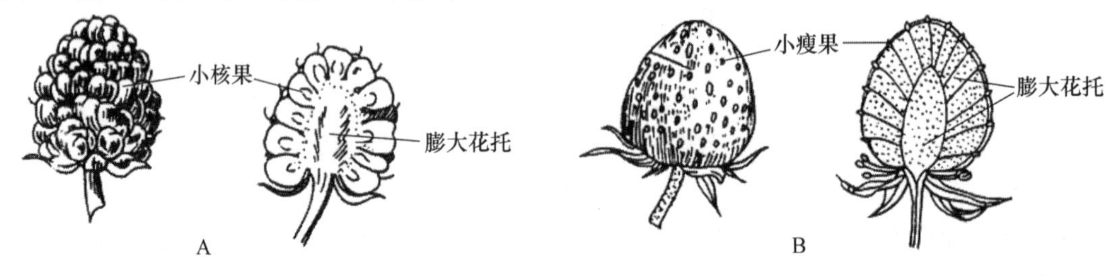

图 9－7　聚合果的主要类型

A. 悬钩子的聚合果，由许多小核果聚合而成　B. 草莓的聚合果，许多小瘦果聚生于膨大的肉质花托上

（引自陆时万等，1991）

（1）聚合蓇葖果　如八角茴香、玉兰等。

（2）聚合瘦果　多数瘦果聚生在一个膨大肉质花托上，如草莓、蛇莓；多数骨质瘦果聚生在凹陷壶形花托里，如蔷薇、月季等。

（3）聚合坚果　如莲。

（4）聚合核果　如悬钩子。

3. 聚花果（又称复果）

由整个花序发育成的果实。桑葚是由整个雌花序发育而成，每朵花的子房各发育成一个小瘦果，包藏在肥厚多汁的肉质花被中。无花果是多数小瘦果包藏于肉质凹陷的囊状花轴内形成的一种复果。凤梨（菠萝）是很多花长在肉质花轴上一起发育而成，花不孕，肉质可食用部分是花序轴（图 9－8）。

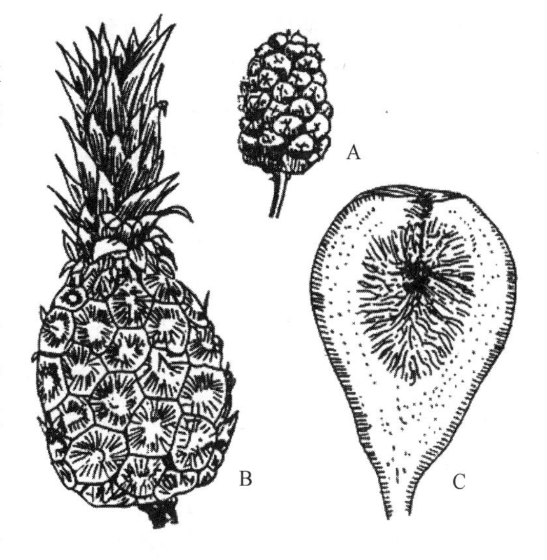

图 9－8　聚花果（复果）

A. 桑葚，为多数单花集于花轴上形成的果实

B. 凤梨的果实，多汁的花轴成为果实的食用部分

C. 无花果果实的剖面，隐头花序膨大的花序轴成为果实的可食部分

（引自陆时万等，1991）

（四）种子的结构与幼苗类型

种子是种子植物的胚珠经受精后长成的结构。一般由种皮、胚和胚乳组成。

1. 双子叶植物有胚乳种子

取蓖麻种子观察，外形为扁平的椭圆状，种皮分为内外两层，外种皮革质，坚硬，具花纹与光泽，基部有海绵状的突起物称为种阜，遮盖种孔，外种皮一侧表面具脊状突起部分称为种脊。种皮内具有丰富的胚乳，胚和两片子叶就埋藏于其中，子叶大而薄，具脉纹。两子叶近种阜端有一圆锥状突起，即胚根，胚根后端夹在两子叶间的一个小突起为胚芽，连接胚芽和胚根的部分为胚轴（图 9－9）。

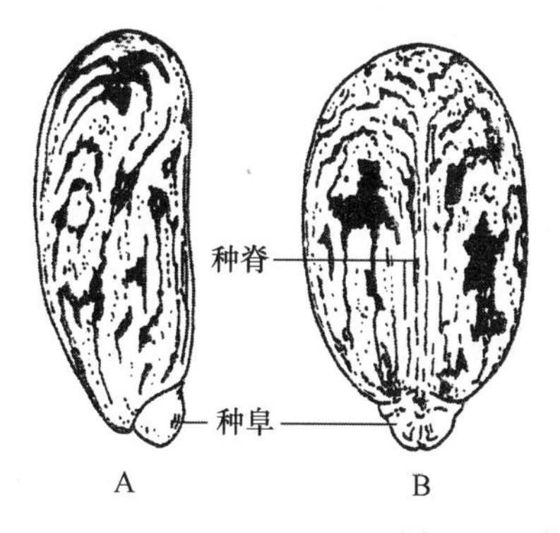

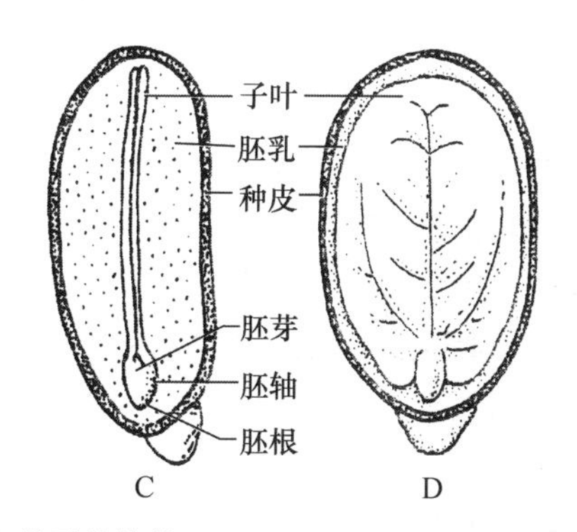

图 9－9　蓖麻种子的结构

A. 种子外形的侧面观　B. 种子外形的腹面观　C. 与子叶面垂直的正中纵切　D. 与子叶面平行的正中纵切

（引自丁春邦等，2014）

2. 双子叶植物无胚乳种子

取浸泡好的蚕豆种子观察，其外形略肾形、扁平，种皮革质，种子稍凹一侧有一窄月形

斑痕为种脐，靠近种脐处有一孔为种孔，用手挤压，便有水溢出。种脐另一端边缘微凸部位即种脊，种皮里面是胚，胚由两片肥厚的子叶和夹在子叶中的胚芽、胚轴和胚根组成（图 9－10）。

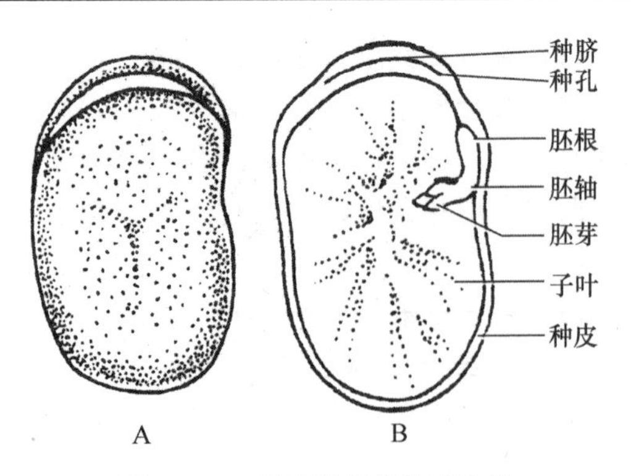

图 9－10　蚕豆种子的外形结构

A. 种子外形侧面观　B. 切去一半显示内部结构

（仿周云龙，2004）

3. 单子叶植物有胚乳种子

取浸泡后的玉米籽粒（颖果）观察，可见腹面有一白色倒心形的部分为胚所在，沿其中央纵切为两半观察，外为一层坚韧的薄膜，由果皮与种皮合生而成。加一滴碘液染色，中部呈现颜色不同的几部分，蓝色部分为胚乳，其余部分为胚，包括：盾片（子叶）、胚芽、胚轴、胚根及胚芽鞘和胚根鞘。用解剖针轻轻挑动胚芽，可见数片幼叶，呈浅黄色，其外有一很薄的胚芽鞘包围。胚根在胚芽另一端，呈锥形，浅黄色，外为胚根鞘包围（图 9－11）。

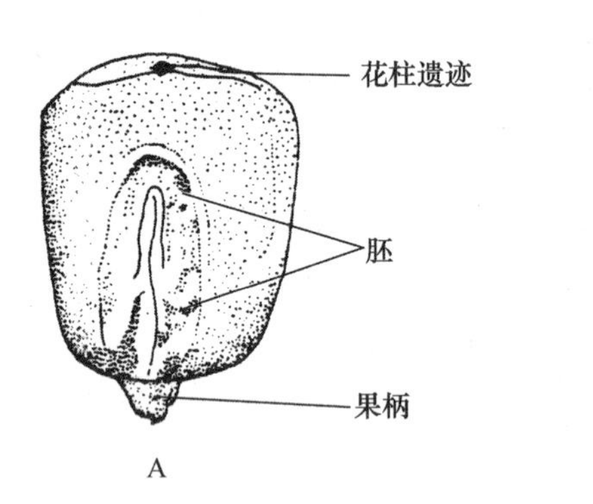

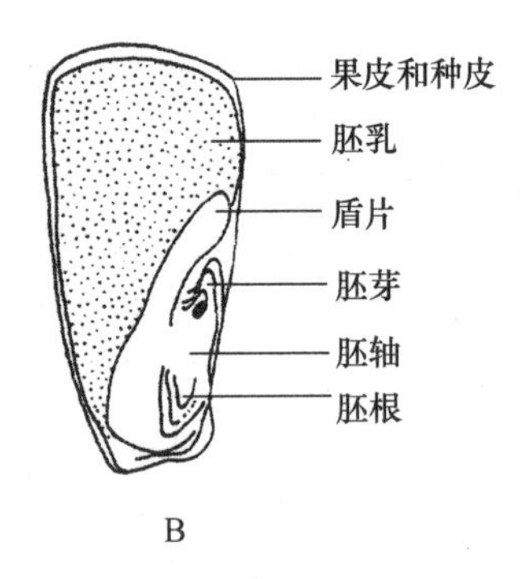

图 9－11　玉米果实（种子）结构

A. 玉米颖果外形　B. 颖果纵切面

（引自周仪，1993）

取水稻谷粒观察，其谷壳为外稃、内稃，剥去谷壳后的糙米为颖果。注意观察其胚所在位置。

取小麦颖果观察（图 9－12），顶端有一丛短毛为果毛，侧面有一条腹沟，胚位于麦粒基部的斜面上，其余部分为胚乳。

取小麦、玉米颖果纵切面制片观察胚的详细结构，并加以比较。

（五）幼苗类型

1. 子叶出土幼苗

种子萌发时，下胚轴迅速生长，从而将子叶、上胚轴推出土面，形成子叶出土幼苗。取大豆幼苗观察，注意其子叶的位置。

2. 子叶留土幼苗

种子萌发时，上胚轴迅速生长从而将子叶始终留在土壤里，形成子叶留土幼苗。取蚕豆幼苗观察，注意其子叶的位置。

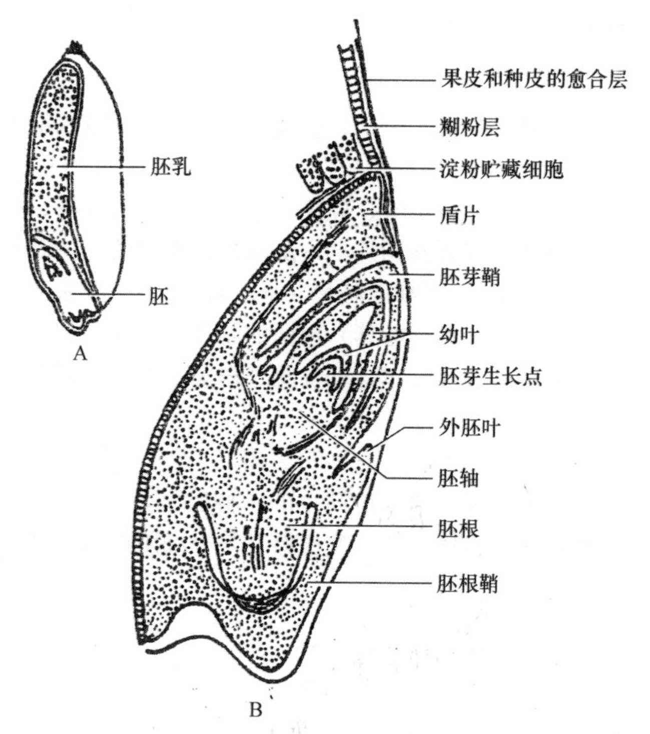

图 9－12　小麦籽粒纵切面图（示胚的结构）
A. 籽粒纵切面　B. 胚的纵切面
（引自强胜，2006）

四、作业

1. 绘花序类型模式图。
2. 绘蚕豆种子和玉米颖果轮廓图，并引线注明各部分名称。
3. 将所观察的果实列表归类。

五、思考题

1. 如何区分真果与假果？
2. 果实和种子是怎样形成的？
3. 简述种子的基本结构及类型。

实验十　低等植物代表类型的观察

一、目的与要求

1. 通过对代表植物的观察，掌握低等植物的概念、主要特征、形态结构、生活方式及其与人类的关系。

2. 通过实验掌握低等植物生活史与世代交替的含意。

二、仪器、用具与材料

1. 仪器与用具

解剖镜、显微镜、培养皿、吸管、镊子、载玻片、盖玻片、吸水纸等。

2. 材料

(1) 新鲜材料 水绵、衣藻、眼虫藻、硅藻、紫菜、海带、青霉、黑根霉、酵母菌等。

(2) 永久制片 颤藻制片、螺旋藻制片、衣藻制片、水绵营养体制片、水绵接合生殖制片、轮藻制片、团藻制片（示范）、实球藻制片（示范）、细菌三型制片、黑根霉制片、酵母菌制片、青霉制片、曲霉制片、伞菌（蘑菇）菌褶的制片、地衣制片。

(3) 标本 藻类、菌类、地衣等标本，如发菜、褐藻、红藻、真菌等。

三、内容与方法

低等植物是植物界中起源最早，而构造简单的一群植物，常生活于水中或阴湿的地方。植物体没有根茎叶的分化，是原植体植物。生殖器官是单细胞的，有性生殖的合子不形成胚而直接萌发成新的植物体。

（一）藻类植物

1. 蓝藻门

(1) 颤藻属 生于湿地或浅水边，在富含有机质的污水中生长旺盛，为常见蓝藻。

取颤藻制片，先用低倍镜观察，可见颤藻为蓝绿色、单列细胞的丝状体。在高倍镜下，可看小颤藻的细胞为扁平（实际上是扁平圆盘）形，藻体胶质鞘不明显，颤藻无异形胞，但在藻丝中有时可见到死细胞。死细胞无色透明，上下横壁呈双凹形。有时丝状体上还有胶化膨大的隔离盘，将丝状体隔成藻殖段（图 10－1）。

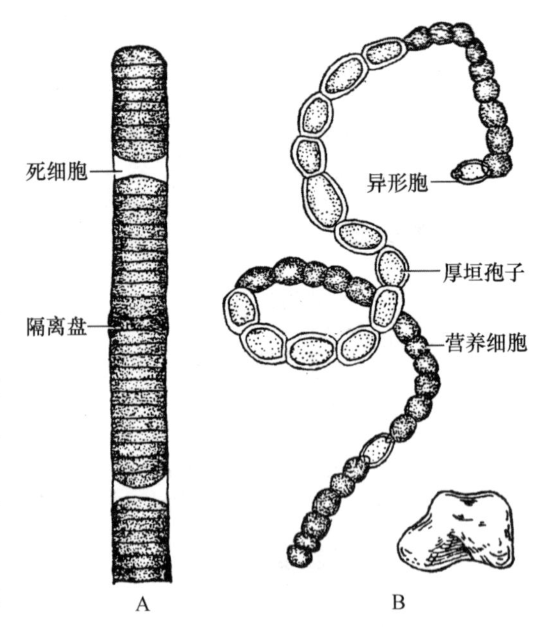

图 10－1 蓝藻门代表植物
A. 颤藻属 B. 念珠藻属
（引自李扬汉，1984）

颤藻的细胞为原核细胞。细胞中央较透明的部分细胞质较淡，具核物质，但无核结构，称中央质。细胞色素和贮藏物分布在周围细胞质中，称周质。周质由于色素的缘故呈蓝绿色。

(2) 螺旋藻属 本属多为多细胞的丝状体，少数为单细胞，藻体螺旋形。生活于水中，含高蛋白，现已人工大量培养。

取螺旋藻制片观察，比较它和颤藻有何异同。

(3) 念珠藻属 植物体为由念珠状的丝状体组成的群体，外形呈片状、球状或发丝状，以藻殖段进行营养繁殖。

取新鲜地木耳或取干的地木耳，先用水

将其发胀，其外部为蓝绿色胶质片状。用镊子撕取少量材料放于载玻片，再用另一块载玻片将材料压碎，滴上一滴蒸馏水，制成临时制片置于显微镜下观察，植物体为由一列细胞组成的不分枝的丝状体，外有公共的胶质鞘，细胞圆形，呈念珠状，故称为念珠藻。丝状体上有异形胞和营养细胞，异形胞细胞壁较厚，与营养细胞连接处有乳头状突起，异形胞将丝状体分隔成藻殖段，常由此进行营养繁殖（图 10－1）。地木耳营养丰富可供食用。

2. 绿藻门

（1）衣藻属　分布广，多生于富含有机质的水体（水沟、池塘和积水洼地）。

取衣藻制片或一滴有衣藻的水，制成临时制片，在显微镜下观察，衣藻植物体为单细胞，呈卵形或球形。细胞内具有一枚厚底杯状的叶绿体，其底部具一蛋白核（淀粉核），细胞质中有一细胞核。细胞前端有 2 个发亮的泡是伸缩泡，在一侧有一红色的眼点（图 10－2）。

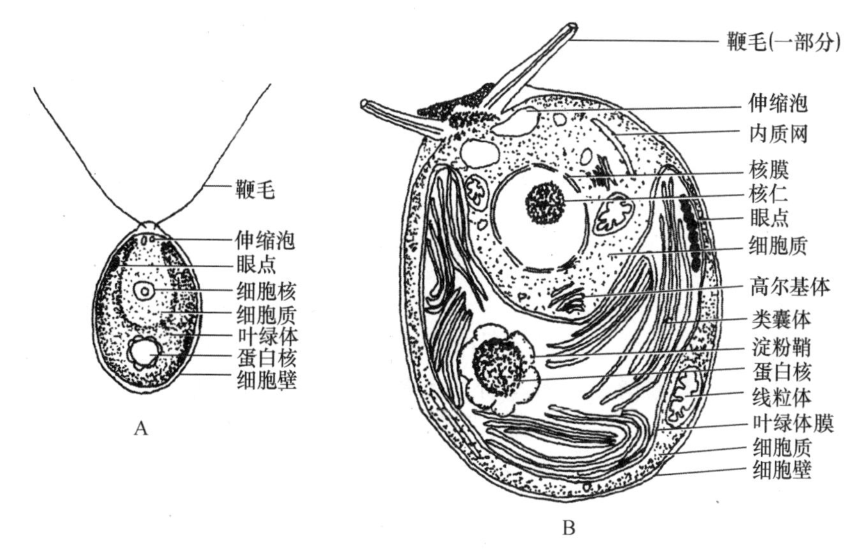

图 10－2　衣藻细胞的形态和结构

A. 光镜下的结构　B. 电镜下的亚显微结构

（引自周云龙，2004）

（2）水绵属　为淡水池塘中常见的一类丝状绿藻。在野外采集时，用手触摸植物体有黏滑感觉。取水绵营养体永久制片，在显微镜下观察，水绵为不分枝的丝状体，细胞长方体形，细胞内有 1 条或几条带状叶绿体螺旋状环绕于原生质体周围，叶绿体上有一列蛋白核，细胞中有 1 个核和 1 个大液泡（图 10－3）。

水绵有性生殖的观察：观察水绵接合生殖制片。水绵有性生殖称接合生殖，发生在春秋季节，藻丝由绿变黄，可见两条并列的丝状体细胞中部侧壁产生突起，突起两两相对，相接处横壁解体形成接合管。在此过程中，原生质体逐渐浓缩成配子，由 1 条丝状体经接合管进入另一条丝状体中，2 个配子结合形成合子。两条丝状体和它们所形成的接合管，外观呈梯形，故称为梯形接合（图 10－3）。此外还有侧面接合。

（3）轮藻属　藻体高度分化，植物体多大型，一般高为 10～60 cm，多生于淡水中。对轮藻标本进行观察，植物体基部有假根伸入泥土中，上部具有直立的“主枝”，有“节”与“节间”，每节着生一轮“旁枝”。再观察轮藻制片，可以看到藏卵器位于“茎节”处的叶状

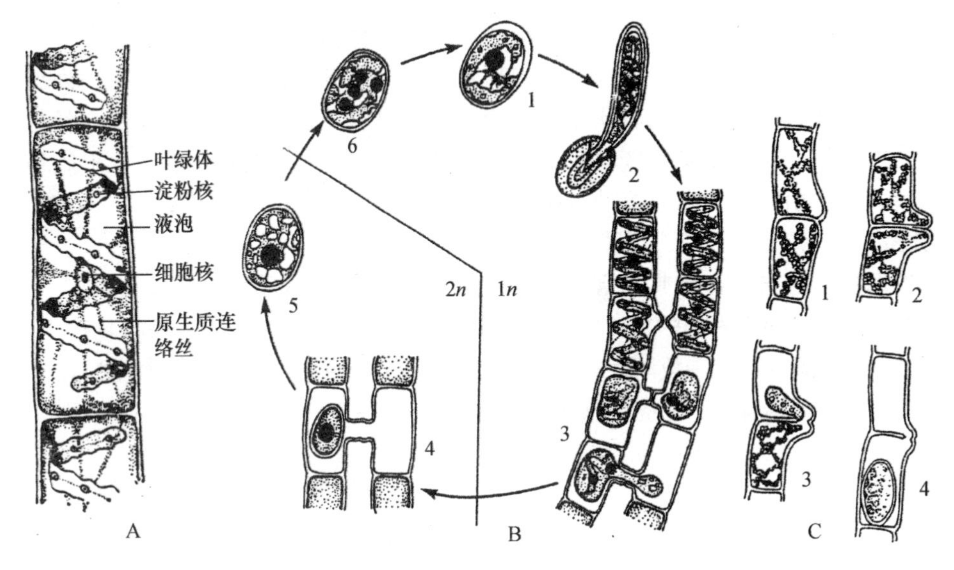

图 10-3 水绵属植物丝状体细胞结构及其接合生殖

A. 水绵属丝状体细胞结构 B. 梯形接合（1. 合子经减数分裂后 3 个核退化，1 个核有效 2. 合子萌发 3. 梯形接合各期 4. 合子在配子囊中 5. 合子 6. 合子的细胞核进行减数分裂） C. 侧面接合各时期（1～4）

（仿 Duffa）

体腹面。由 5 个螺旋状细胞构成。中央藏一大型卵细胞，下部有柄，顶部有数个盖细胞，整个形状为纺锤形。藏精器位于藏卵器之下，球形，成熟时呈红色，由 8 个具柄的盾形细胞构成。成熟时产生大量精子，游动外出与卵细胞结合而形成合子。合子萌发形成新个体（图 10-4）。

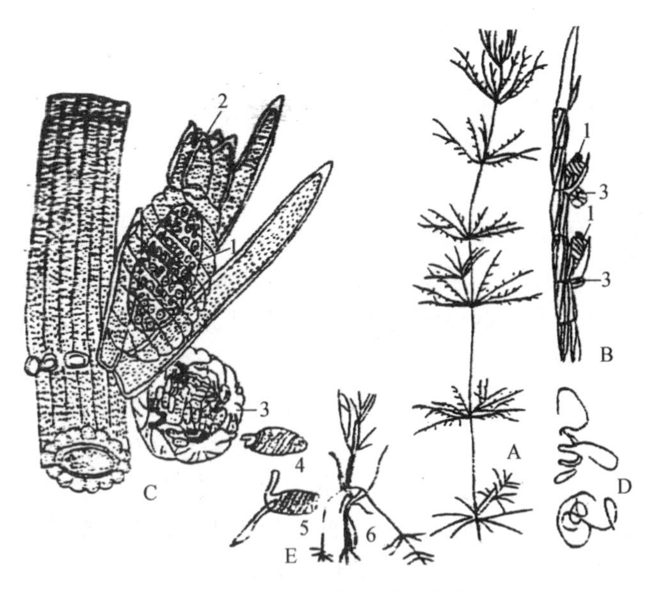

图 10-4 轮藻属的形态结构

A. 植物体 B. 植物体着生性器官的一部分 C. 性器官的放大 D. 精子 E. 合子萌发

1. 卵囊 2. 冠细胞 3. 精子囊 4. 合子开始萌发 5. 生出假根和地上部的合子 6. 幼植物体

（引自张宪省，2003）

3. 裸藻门

裸藻属属于裸藻门在春夏季节的污水中常可找到，生长旺盛时常使水体变成绿色。取 1 滴有眼虫藻的水制成临时制片，并观察。

该属植物体多为纺锤形，前端较粗而钝圆，后端较细，体表有 1 层周质膜，无纤维素的细胞壁。眼虫藻具有 1～3 条鞭毛，是能运动的单细胞植物。在显微镜下观察时，注意眼虫藻的形状和运动方式。细胞中具有叶绿体，含有叶绿素 a、叶绿素 b、胡萝卜素和叶黄素。储藏的养料是副淀粉和脂肪。副淀粉是 1 种多糖，在细胞内成颗粒状、杆状或环状等固定形状。在眼虫藻运动过程中，还可见其前端 1 侧有 1 个红色眼点（图 10－5）。

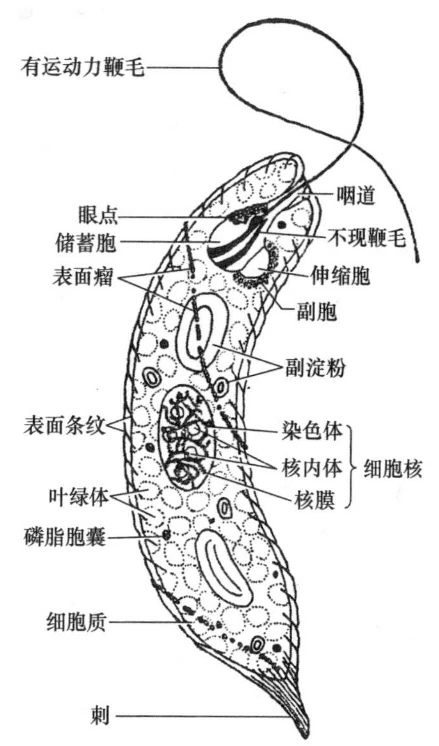

图 10－5　裸藻属植物的细胞结构
（引自李扬汉，1984）

4. 金藻门

金藻门植物由于色素体内胡萝卜素类和叶黄素类占优势，所以呈黄绿色或金棕色，贮藏的物质是金藻糖和油。硅藻属于金藻门。取一滴含有硅藻的池塘水，制成临时装片或取硅藻永久制片进行观察，硅藻为单细胞结构，侧面观长方形，瓣面观为棱形，细胞壁由大小两瓣套合而成，瓣面上有精致的花纹，细胞壁由果胶和硅质构成（图 10－6）。原生质体有一个细胞核，还有一至几个金褐色的载色体，有的还具蛋白核。硅藻是鱼类和其他水生动物的食物。硅藻死后形成的硅藻土，是工业上的重要原料。

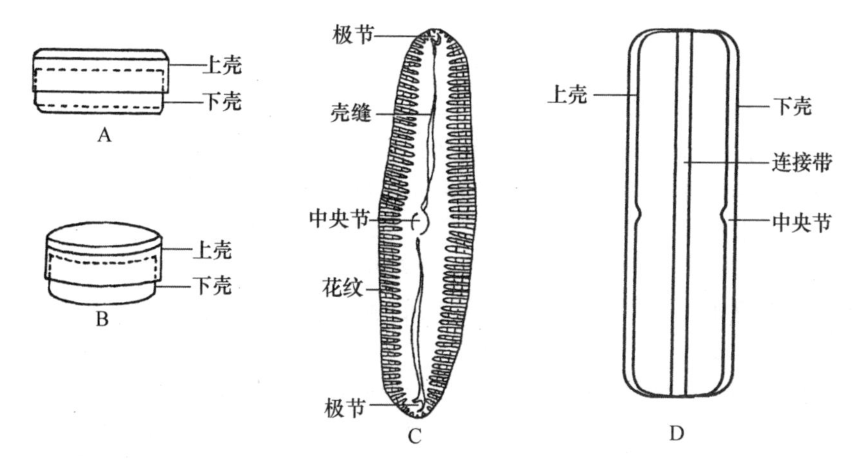

图 10－6　硅藻细胞结构示意图
A、B. 硅囊细胞上壳、下壳示意图　C. 羽纹硅藻属细胞壳面观　D. 羽纹硅藻属细胞带面观
（引自周云龙，2004）

5. 红藻门

红藻门植物多为红色，除含叶绿素 a、类胡萝卜素、叶黄素外，还含有藻红素和藻蓝素。贮藏物质为红藻淀粉。植物体多为丝状、片状或其他形状，很少是单细胞的。紫菜属于红藻门植物。取紫菜的蜡叶标本或市售紫菜用水浸泡，观察其颜色和形状。紫菜由鲜紫色的片状体组成基部，具盘状固着器，一般有柄。片状体边缘波状，很薄，由单层或双层细胞组成。

6. 褐藻门

多生活在海水中，植物体常呈褐色，是藻类植物中体形最大，构造最复杂的一类。贮藏的物质为褐藻淀粉和甘露醇。海带属于褐藻门植物。取海带蜡叶标本或市售海带观察，海带植物体（孢子体）大，由带片、带柄和固着器组成。带片扁平，带柄杆状，固着器根状分枝（图 10－7）。

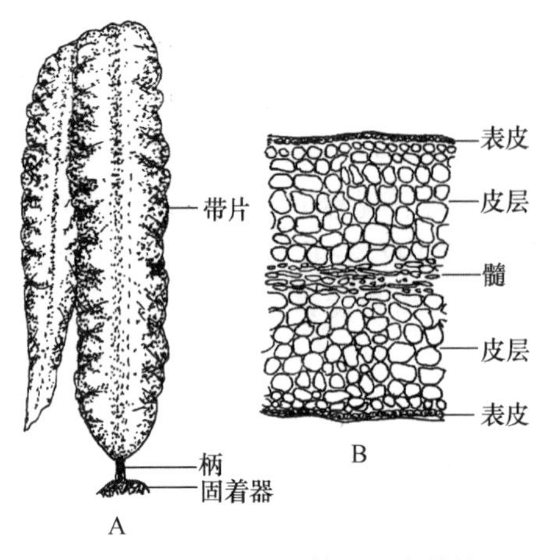

图 10－7　海带孢子体的形态结构
A. 藻体外形　B. 带片横切面

（二）菌类植物

菌类植物不是一个具自然亲缘关系的类群，通常不具叶绿体和其他色素，不能进行光合作用自制养料，是典型的异养植物。根据菌类结构和生活方式的不同，将菌类植物分为细菌门、黏菌门和真菌门三大类。

1. 细菌门

细菌是单细胞生物没有具膜的核，一般无色素。取细菌涂片或制片观察细菌的形态。细菌主要分为球菌、杆菌和螺旋菌三种类型。

（1）球菌　细胞呈圆球形，又因分裂方式不同分为链状、葡萄状和板状。

（2）杆菌　细胞呈杆状，有的细胞连接在一起呈线形。

（3）螺旋菌　细胞呈螺旋状或“S”形。

2. 真菌门

真菌不同于细菌的是都有细胞核，多数植物体是一些菌丝组成，每根丝称为菌丝，分枝的菌丝团称为菌丝体，分为藻菌纲、子囊菌纲、担子菌纲和半知菌四个纲。

（1）黑根霉　属藻囊菌纲。黑根霉，也称面包霉，多腐生于含淀粉的馒头、面包以及水果等食品上。取黑根霉永久制片，放于显微镜下观察。菌丝体由分枝、不具横隔壁的菌丝组成，含有许多细胞核。菌丝常沿基质横生又称匍匐枝，向下生有假根，向上可生出孢子囊梗，其上生有许多孢子（内生孢子），孢子成熟后呈黑色，当散落在适宜的基质上，就萌发成新植物（图 10－8）。

（2）酵母菌　属于子囊菌纲。取 1 滴鲜酵母液制成临时制片观察，单细胞，卵形，有一大液泡，核小，细胞质内含油滴，有时数个细胞连成串，形成假菌丝。繁殖方式为出芽生殖。酵母菌在发酵工业中应用广泛，与人类生活密切相关。

（3）青霉菌　属于子囊菌纲，自然界分布极广，多生长于水果、蔬菜、淀粉质食品、衣服和皮革上。取青霉制片，在显微镜下观察，菌丝由横隔膜分开成多细胞的菌丝体，每一细胞中只有一核。菌丝体淡绿色，菌丝上产生许多分生孢子梗，生小梗的枝称为梗基，从小梗上生一串灰绿色或深绿色的分生孢子，这种孢子不产生于孢子囊内，所以称为外生孢子（图10-9）。青霉以分生孢子进行繁殖。

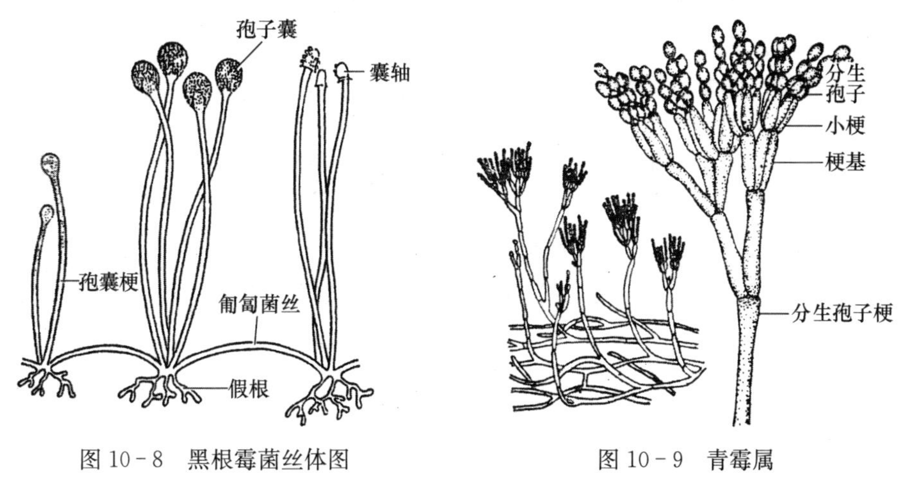

图10-8　黑根霉菌丝体图
（引自强胜，2006）

图10-9　青霉属
（引自李扬汉，1984）

（4）伞菌属　属于担子菌纲，常见的有蘑菇。蘑菇是多细胞的菌丝体，菌丝具横隔壁，细胞有双核，具多数分枝，许多菌丝交织在一起形成子实体，幼小时球形，埋于基质内，以后幼子实体逐渐长大，伸出基质外。成熟的子实体伞形，单生或丛生。子实体由菌盖、菌褶、菌柄、菌环组成，有的菌柄下还有菌托（图10-10）。取菌褶切片进行观察，先在低倍镜下观察菌褶和子实层，再转高倍镜下观察，可见子实层上排列有许多短柱状的侧丝和担子，担子末端具4个短小的担子柄，每个柄上有1个球形担孢子。

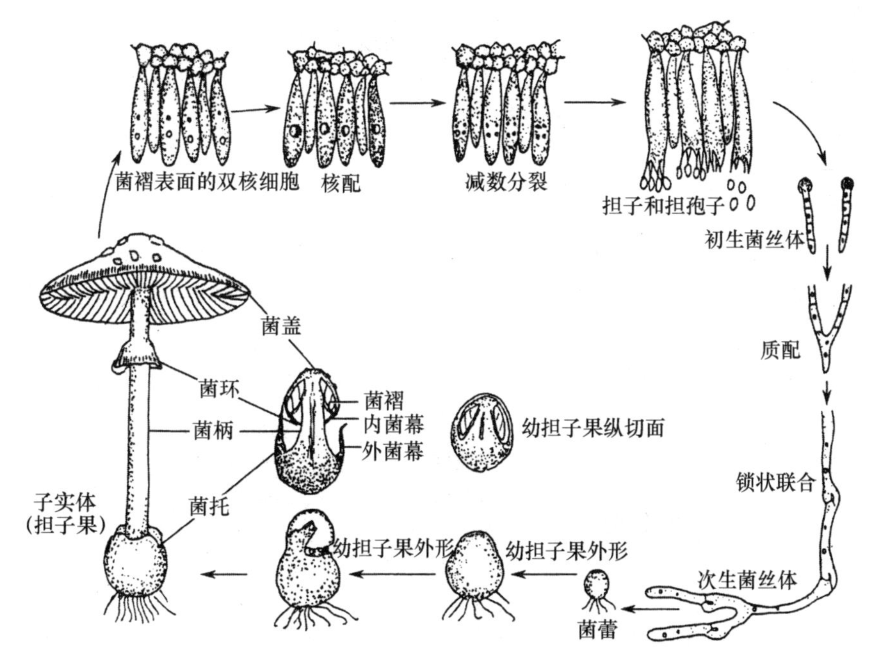

图10-10　伞菌类生活史
（引自王建书，2013）

（三）地衣植物

地衣是真菌和藻类的共生植物，共生真菌绝大多数为子囊菌，共生藻类是蓝藻和绿藻。观察三种地衣标本和图片，区分壳状地衣、枝状地衣和叶状地衣。

（1）壳状地衣　全体扁平壳状，紧附岩石或树皮上，叶状体不易与基质分离，分布最为普遍，约占地衣的80%。

（2）叶状地衣　全体呈薄片状的扁平体，形似叶片，植物体的一部分黏附于物体上，可以剥离。

（3）枝状地衣　全体直立，仅基部附着于基质上，通常分枝，形状类似高等植物的植株。

地衣能够生活于裸露的岩石上，分泌地衣酸，对岩石的分化和土壤的形成起促进作用。

四、作业

1. 绘念珠藻丝状体结构图，并引线注明。
2. 绘水绵丝状体及梯形接合生殖图，并引线注明。
3. 绘黑根霉菌丝体图，并引线注明各部位名称。

五、思考题

1. 以实验中的代表植物为例，说明蓝藻门和绿藻门有何异同？蓝藻门植物的原始性表现在哪些方面？
2. 菌类植物可以分为几个门？它们之间有无亲缘关系？真菌门中的四个纲各有何特征？
3. 藻类、菌类和地衣植物各自的主要特征是什么？它们有共同之处吗？地衣类植物中藻类与菌类有何关系？

实验十一　高等植物代表类型的观察

一、目的与要求

1. 了解高等植物的一般概念、主要特征和形态结构。
2. 通过实验掌握苔藓植物、蕨类植物、裸子植物和被子植物各大类群的分类及其代表植物的特征。
3. 了解高等植物的生活史，进而明确苔藓植物、蕨类植物、裸子植物和被子植物中孢子体与配子体的关系。
4. 通过低等植物与高等植物的比较，明确整个植物界进化的趋势。

二、仪器、用具与材料

1. 仪器与用具

解剖镜、显微镜、培养皿、吸管、镊子、载玻片、盖玻片、吸水纸等。

2. 材料

（1）新鲜材料　地钱、葫芦藓、青萍、槐叶萍、满江红等，银杏的枝条，油松带有大、小孢子叶球的枝条，侧柏、圆柏、龙柏等的枝条。

(2) 永久制片　地钱叶状体横切面制片，地钱雌、雄生殖托纵切面制片，藓精子器或颈卵器及藓孢子体纵切面制片，蕨叶横切面制片（示孢子囊群），蕨原叶体制片，蕨幼孢子体制片，油松大孢子叶球纵切面制片。

(3) 标本　苔藓、蕨类、裸子植物和被子植物标本。

三、内容与方法

高等植物是低等植物经过长期的演变进化而来的，是植物界中构造比较复杂的一群植物。大多数高等植物都是陆生的；植物体有根、茎、叶的分化，有维管束（苔藓植物例外）；生殖器官由多细胞构成；合子形成胚，然后再萌发为植物体。高等植物又称为有胚植物。

（一）苔藓植物

苔藓植物是一类结构比较简单的高等植物，一般生于阴湿的环境中，生于水中甚少，是植物从水生到陆生过渡形式的代表。植物体都很矮小，简单类型的苔藓植物体成扁平的叶状体，比较高级的种类其植物体有茎、叶的分化，但都没有真正的根，没有维管束和维管组织；配子体占优势，孢子体不能脱离配子体独立生活。根据形态和结构不同分为苔纲和藓纲。

1. 苔纲

地钱属于苔纲植物。取地钱新鲜或浸制标本，用放大镜进行观察，植物体为配子体，绿色扁平，二叉分枝的叶状体，生长点位于分叉的凹陷处，叶状体的背面有棱形或多边形小区。各区的中央有一气孔。叶状体中部有中肋，中肋上长有许多杯状结构称胞芽杯，胞芽杯内生有许多胞芽，胞芽是地钱营养繁殖的结构。成熟时胞芽由杯处脱落散发于土中，萌发成植物体。性别与母体相同。取地钱叶状体横切面制片观察，腹面有多细胞的鳞片和单细胞的假根，表皮下的气室通连气孔。气室中有大量叶绿体的同化组织，以下为贮藏组织，由几层大型薄壁细胞组成。

雌雄异株。雌、雄配子体上产生伞形有长柄（称为托柄）的颈卵器和精子器托，颈卵器托盘边缘有 8～10 条指状分裂的芒线，二芒线之间有倒悬瓶状颈卵器；精子器托的边缘浅裂，有很多小孔，每一孔腔中各有一精子器（图 11－1）。

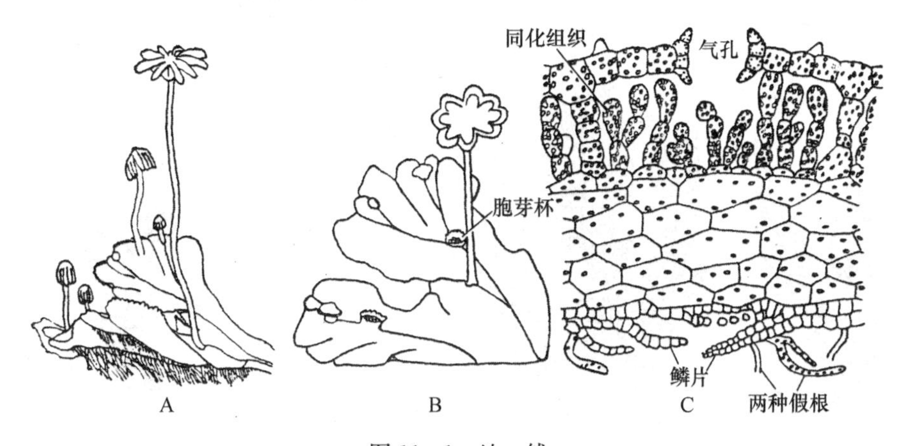

图 11－1　地　钱

A. 雌配子体及颈卵器托　B. 雄配子体及精子器托　C. 配子体切面

（引自李扬汉，1984）

取地钱精子器托和颈卵器托纵切面制片观察，精子器托的托盘内有许多精子器腔，每一腔内有1个卵圆形的精子器，精子器有1短柄，外有一层不育细胞包被保护，其内每个细胞产生1个游动精子，想一想精子为什么能游动？在颈卵器托的纵切面制片中可见倒悬的颈卵器位于芒线之间，颈卵器膨大的腹部在上，颈部细长，其中央有1列颈沟细胞，腹部有腹沟细胞和一个大的卵细胞。

2. 藓纲

葫芦藓属于藓纲植物。取葫芦藓新鲜或浸制标本观察，植株矮小，通常直立，有类似根、茎、叶的分化，通常称为假根、拟茎和拟叶。拟茎基部生假根，拟叶除中肋外，仅由1层细胞构成。

雌雄同株，但雌雄生殖器官生在不同的枝条上。雄株末端的叶较大，中央为橘红色的精子器，与单列细胞的隔丝，总称为雄器苞。精子器呈长棒状，有短柄，其中有螺旋状具有2条鞭毛的精子；雌枝端的叶集生呈芽状，中有几个有柄的颈卵器。受精后只有一个形成孢子体。颈卵器随孢子体的增大而增长。孢子体的柄迅速增长，使颈卵器断裂为上下两部，上部成蒴帽。孢子体分为孢蒴、蒴柄和基足三部分，孢蒴的顶部除去蒴帽可见蒴盖，蒴盖脱落可见两层蒴齿层。胞蒴有多层细胞的壁，中为蒴轴。造孢组织紧贴蒴轴。造孢组织发育为孢子母细胞，经减数分裂后形成四分孢子，再形成孢子。孢子萌发形成原丝体，同上生成芽体，再形成具有茎、叶和假根的配子体（图 11-2）。

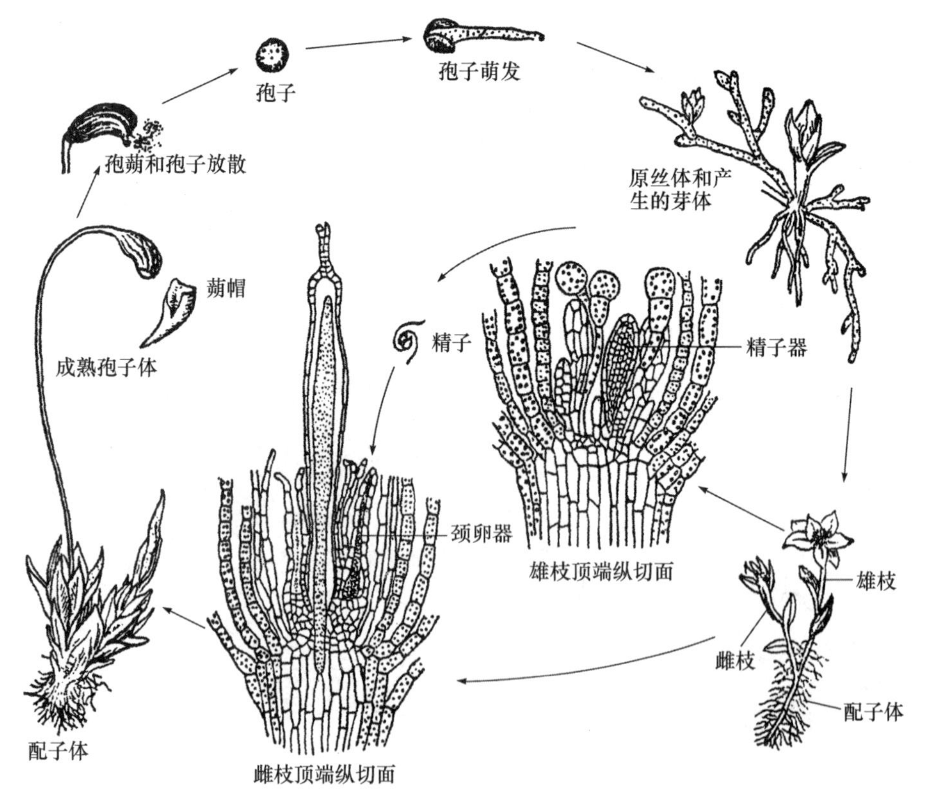

图 11-2　葫芦藓的生活史
（引自周云龙，2004）

比较苔纲植物、藓纲植物配子体和孢子体的异同。

（二）蕨类植物

蕨类植物体较大，有根、茎、叶的分化，并有维管束系统，既是高等的孢子植物，又是原始的维管植物，配子体和孢子体都能独立生活，孢子体占优势，配子体产生颈卵器和精子器，孢子体产生孢子囊。蕨类植物共分为石松纲、水韭纲、松叶蕨纲、木贼纲和真蕨纲五个纲。

1. **孢子体**　现以真蕨为代表进行观察。通常看到的植物体是它的孢子体，孢子体有根、茎、叶的分化和维管组织系统。当其生长到一定时期，叶的背面出现黄褐色的斑点，这就是孢子囊群，其中每一个孢子囊具柄，囊内有孢子母细胞，经减数分裂后，产生多数孢子。当孢子成熟时，孢子囊破裂。散发出孢子，孢子落在适宜的土壤上，萌发为原叶体（即配子体）（图 11－3）。

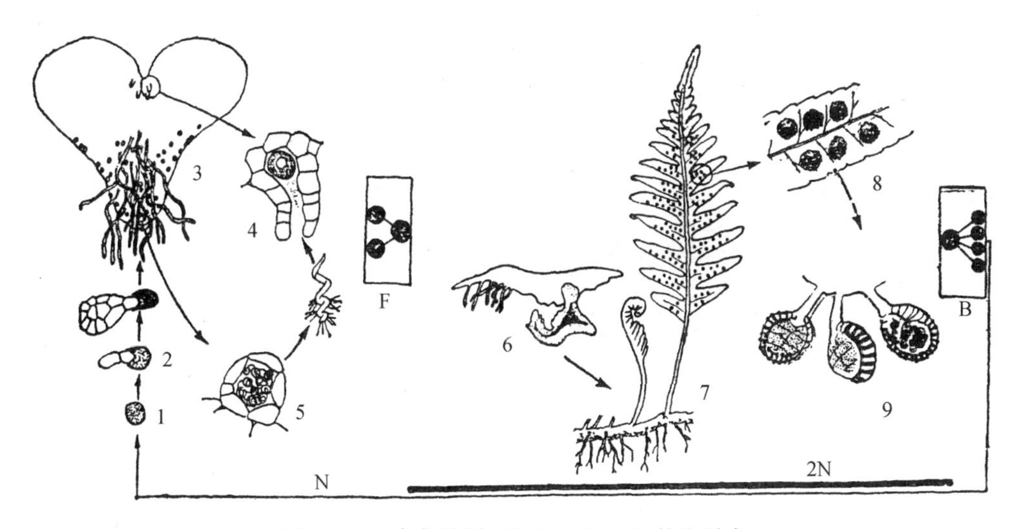

图 11－3　水龙骨属（*Polypodium*）的生活史

1. 孢子　2. 孢子萌发　3. 原叶体　4. 颈卵器　5. 精子器　6. 合子萌发成的幼孢子体
7. 成长的孢子体　8. 孢子叶上生有孢子囊群　9. 孢子囊　F. 受精　R. 减数分裂
（引自李扬汉，1984）

2. **孢子囊群及孢子囊**　取具孢子囊群的蕨叶片做临时装片或其制片，在显微镜下观察。在下表皮有部分细胞向外突起，并向四周延伸形成伞状，称为孢子囊群盖，中间的主轴称为孢子囊群轴，主轴的基部称为胎座，胎座上着生多数孢子囊。孢子囊壁较大，为薄壁细胞，但在囊壁背部由部分厚壁细胞所包围，称为环带。在环带的下部有一细小的孢子囊柄，着生在囊群的胎座上。在环带的相对一侧为薄壁细胞，称为唇细胞。孢子成熟时环带细胞收缩而唇细胞裂开，散出孢子。孢子肾形，黄色或黄褐色。

3. **配子体**（原叶体）　取真蕨的原叶体做临时装片或永久制片进行观察，原叶体较小，仅有几毫米，心脏形，具叶绿体，能独立生活，边缘部分由单层细胞组成，中央部分则有多层细胞。原叶体腹面生有无数假根，颈卵器和精子器均生于原叶体腹面。颈卵器生于原叶体凹陷处的附近，其腹部埋在原叶体组织中，露出颈部并开口于原叶体腹面。精于器生于原叶体远离凹陷的一端，精子器球形，突出于原叶体表面，其内生有游动精子。当精子成熟后，精子器破裂，真蕨精子有鞭毛，可借水游动至颈卵器，并与卵结合形成合子，合子留在颈卵器内逐渐发育成真蕨的孢子体（图 11－4）。

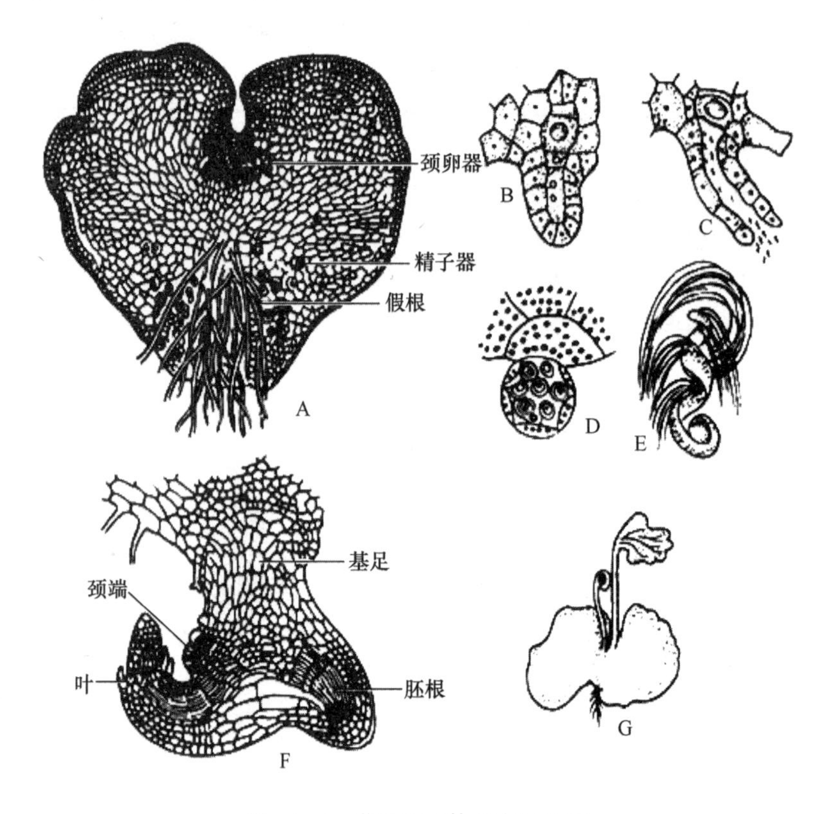

图 11－4　蕨的配子体和有性生殖

A. 配子体腹面观　B、C. 颈卵器放大　D. 精子器放大　E. 精子　F. 胚　G. 从配子体腹面向上长出的幼孢子体

（引自张宪省，2003）

常见的蕨类植物有凤尾蕨、鳞毛蕨、肾蕨、问荆、海金沙、芒萁、乌韭、蕨、槐叶萍、满江红等。

（三）裸子植物

裸子植物植株高大，均为木本，茎中有形成层和次生结构，木质部只有管胞，而无导管和纤维，韧皮部只有筛胞，而无筛管和伴胞，生殖器官为多细胞。胚珠和种子裸露，孢子体发达，配子体简化，寄生于孢子体上。裸子植物分为苏铁纲、银杏纲、松柏纲、红豆杉纲和买麻藤纲。常见的裸子植物有苏铁、银杏、马尾松、黑松、杉、水杉、柳杉、侧柏、圆柏、龙柏、落叶松、古巴松、雪松、罗汉松等。

1. 苏铁基本特征的观察

苏铁为苏铁纲的代表植物，雌雄异株。观察盆栽苏铁，苏铁具有直立的柱状主干，不分枝，常绿，顶端簇生大型羽状复叶，大、小孢子叶球均集生于茎顶。

（1）大孢子叶球（雌球花）**的观察**　取大孢子叶浸制或蜡叶标本观察，大孢子叶先端羽状分裂，密被褐色茸毛，基部柄状，柄的两侧生 2～8 个胚珠。

(2) 小孢子叶球（雄球花）**的观察**　呈柔荑花序状，生于短枝顶端的鳞片腋内，小孢子叶有短柄，稍扁，肉质，鳞片状，螺旋状排列成圆柱形的小孢子叶球，每个小孢子叶上生有 2～5 个孢子囊组成的小孢子囊群（图 11－5）。

图 11－5　苏　铁

A. 植株外形　B. 小孢子叶　C. 聚生的小孢子囊放大　D. 雄配子体（花粉粒）　E. 花粉管顶端（放大，示精子）　F. 大孢子叶　G. 胚珠纵切面　H. 珠心及雌配子体的部分放大

1. 原叶细胞　2. 生殖细胞　3. 花粉管细胞（吸器细胞）　4. 珠被　5. 珠心　6. 雌配子体　7. 颈卵器　8. 贮粉室　9. 贮粉室内的花粉粒

（引自周云龙，2004）

2. 银杏特征的观察

银杏是银杏纲的唯一代表，为我国特产，雌雄异株（图 11－6）。取银杏蜡叶标本或新鲜材料观察，银杏为落叶乔木，有长枝和短枝之分，长枝通常为营养枝，短枝为生殖枝，叶扇形，叶脉二叉状，大、小孢子叶球均着生在短枝上。

(1) 大孢子叶球（雌球花）**的观察**　具一长柄，上部二叉状，其末端膨大的肉质部分称珠托，珠托上各生一个直立胚珠，通常只有一个胚珠发育成种子。

(2) 小孢子叶球（雄球花）**的观察**　呈现柔荑花序状，生于短枝顶端的鳞片腋内，小孢子叶有一短柄，柄端有 2 个悬垂的小孢子囊，内有多数小孢子。

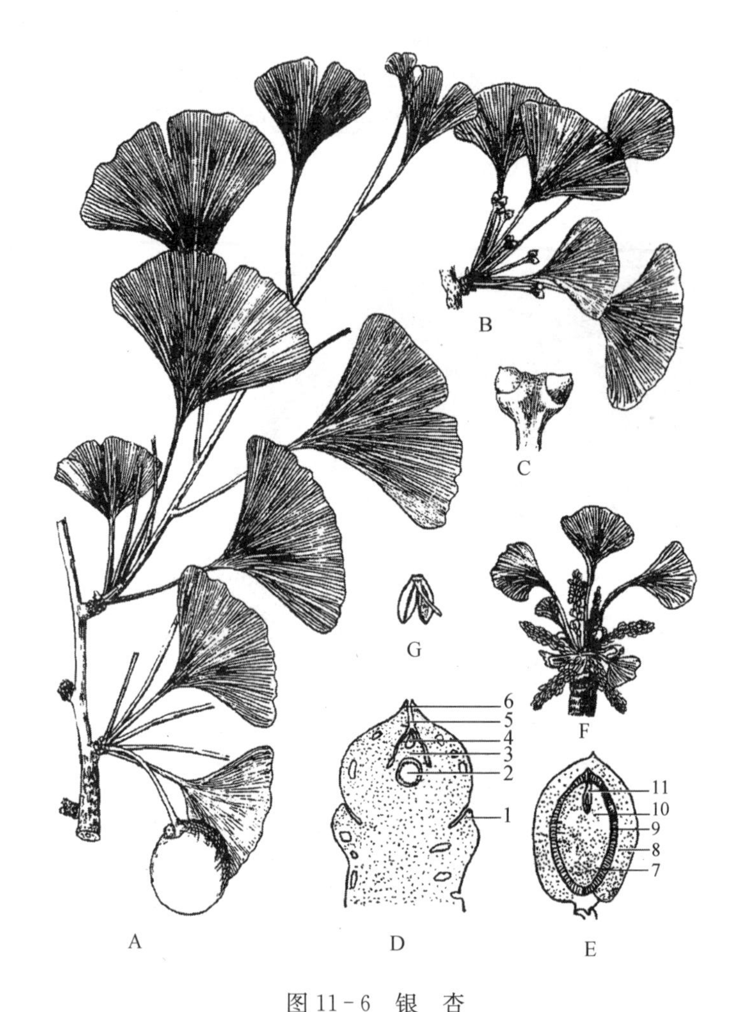

图 11-6 银 杏

A. 长短枝及种子 B. 生雌球花的短枝 C. 雌球花 D. 胚珠和珠领纵切面 E. 种子纵切面 F. 生雄球花的短枝 G. 小孢子叶

1. 珠领 2. 雌配子体 3. 珠心 4. 贮粉室 5. 珠孔 6. 珠被 7. 内种皮 8. 外种皮 9. 中种皮 10. 胚乳 11. 胚

（引自周云龙，2004）

3. 油松形态特征观察

油松为松柏纲的代表植物，此纲的植物种类较多，如马尾松、黑松和罗汉松等。本实验以油松为材料进行观察。取油松新鲜材料或蜡叶标本观察，可见其小枝灰褐色，有长短和短枝之分，叶针形，二针一束，当年生新枝的顶端顶生或侧生数个紫红色的大孢子叶球，基部簇生数个棕红色小孢子叶球。

（1）大孢子叶球（雌球花） 用镊子取 1 个大孢子叶球进行观察，可见大孢子叶球是由大孢子叶组成，螺旋状排列在大孢子叶轴上。大孢子叶球上的孢子叶由两部分组成，下面较小的薄片称苞鳞，被认为是失去生殖能力的大孢子叶；上面较大而顶部肥厚的部分称为珠鳞，也称为果鳞或种鳞，认为是具有功能的大孢子叶。在松科各属植物中，苞鳞和珠鳞是完全分离的。

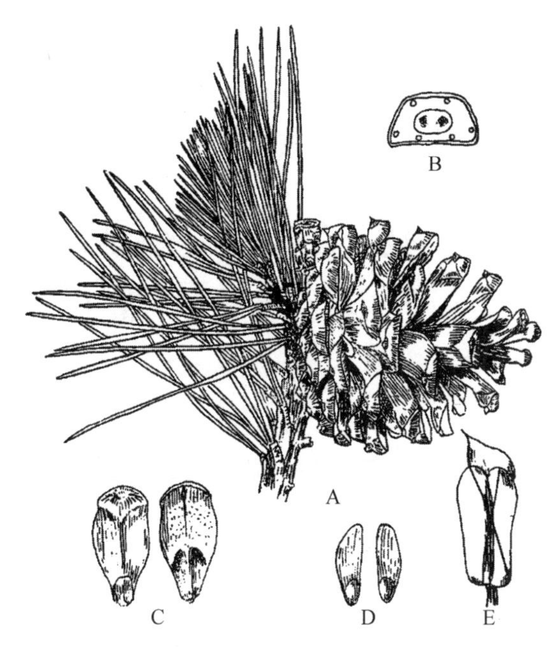

图 11-7　油　松
A. 球果枝　B. 叶横切　C. 种鳞背腹面观
D. 种子　E. 小孢子叶
（仿周云龙，2004）

用镊子取下一片完整的珠鳞，置于解剖镜下观察，先观察其背面，找出基部的苞鳞，再翻过来观察其腹面，可见近基部有 2 个倒生的胚珠。取油松大孢子叶球纵切面制片，观察珠鳞、苞鳞及胚珠的结构。

(2) 小孢子叶球（雄球花）　用镊子取 1 个小孢子叶球进行观察，可见小孢子叶也是螺旋状排列于中轴上。用镊子小心取下 1 片小孢子叶（雄蕊）放在解剖镜下观察，可见小孢子叶背面着生 2 个小孢子囊（花粉囊）。用解剖针打开小孢子囊，能见到许多小孢子（花粉），用显微镜观察小孢子的临时制片，看看小孢子有何特点。

(3) 球果及种子的观察　取油松 3 年生大孢子叶球，可见种鳞螺旋状排列在球果轴上。取下 1 片种鳞，有时腹面能找到 2 枚带翅的种子。种鳞背侧顶端扩大成鳞盾，鳞盾中部隆起的为鳞脐，鳞脐中央的小突起称为鳞棘。

(四) 被子植物

被子植物是植物界中最高级的类群，最大的特征是种子包被于果皮中。植物体的形态结构复杂，生活习性极不一致，种类甚多，分布广，与人类关系密切。我们经常所见的农作物（如水稻、小麦等）均为被子植物。

四、作业

1. 绘地钱配子体或葫芦藓配子体和孢子体图，并引注。
2. 绘蕨的原叶体图，并引注。

五、思考题

1. 列表比较苔藓植物、蕨类植物和裸子植物的异同点。
2. 通过实验，你认为植物界的进化规律是怎样的？

实验十二　花程式、花图式及植物检索表与图鉴的使用

一、目的与要求

1. 通过解剖植物花、果实，学会花程式的编写和花图式的绘制。
2. 了解并逐步掌握植物检索表的编排原则和使用方法。
3. 了解植物图鉴的使用方法，以及学会描述植物的方法。
4. 初步学会鉴定未知植物。

二、仪器、用具与材料

(1) 仪器与用具　解剖镜、镊子、刀子、解剖针、放大镜、种子植物分科检索表、中国高等植物图鉴。

(2) 材料　3～5 种带花、果的植物标本。

三、内容与方法

(一) 花程式

花程式是用字母、符号和数字表明花各部分的组成、排列、位置以及相互关系的公式。

通常用 K 表示花萼，是德文 Kelch 的略写［亦可用 Ca 代表花萼（calyx）这时则用 Co 代表花冠］。C 表示花冠，是拉丁文 Corolla 的略写。A 表示雄蕊群，是拉丁文 Androecium 的略写。G 表示雌蕊群，是拉丁文 Gynoecium 的略写。P 表示花被，是拉丁文 Perianthium 的缩写。花各部分的数目用阿拉伯数字表示，写于字母的右下角，其中用“∞”表示数目在十个以上，或数目不定（数目很多）；“0”表示缺少或退化；在数字外加上括号“(　)”，表示该部为联合状态。在同一部分中出现不同情况时，可用“.”表示“或者”的意思。各部分由数轮或数组结成时，则在各轮或各组的数字之间用“+”相连。关于子房的位置，用$\underline{G}$表示子房上位，$\overline{G}$表示子房下位，$\overline{\underline{G}}$表示子房半下位，G 右下角数字依次表示组成雌蕊的心皮数、子房室数和每室的胚珠数，它们之间用“:”相连。花程式最前面冠以“*”表示辐射对称花，“↑”表示两侧对称花。“♂”表示雄花，“♀”表示雌花，“⚥”为两性花（两性花的符号有时略而不写）。“（♂♀）”表示雌雄同株，“（♂/♀）”表示雌雄异株。

数字都写在代表各部分字母符号的右下方；雌蕊之后如果有 3 个数字，第一个数字表示心皮数目，第二个数字表示子房室数，第三个数字表示每室胚珠数（一般只用第一和第二个数字），并用“:”将这三个数字隔开，单雌蕊（离生单雌蕊）：用 $G_{X:Y:Z}$ 表示，复雌蕊用

$G_{(X:Y:Z)}$表示。

花程式书写顺序是：花性别、对称情况、花各部分从外部到内部依次介绍 K、C、A、G，并在字母右下方写明数字以表示花各部分数目。现举例说明：

棉花的花程式：⚥ $* K_{(5)} C_5 \underline{G}_{(3\sim5:3\sim5:\infty)}$，表示两性花；辐射对称；萼片 5 枚合生；花瓣 5 枚离生；雄蕊多数合生成单体；子房上位，由 3～5 个心皮合生而成，子房 3～5 室，每室含多数胚珠。

蚕豆的花程式为：⚥ $\uparrow K_{(5)} C_{1+2+(2)} A_{(9)+1} \underline{G}_{1:1:\infty}$，表示两性花；两侧对称；萼片 5 枚合生；花冠包括 1 枚旗瓣，2 枚翼瓣，2 枚龙骨瓣（稍联合）；二体雄蕊；子房上位，由 1 心皮合生而成，子房 1 室，含多数胚珠。

花程式只能表明花各部排列组成的相互关系，不能完全表达出结构特征，因此，为了更全面地表示花的结构还必须应用花图式。

（二）花图式

花图式是用花的横切面简图来表示花各部分的数目、离合情况，以及在花托上的排列位置，也就是花的各部分在垂直于花轴平面所作的投影。

应用花图式不仅可以说明花萼、花冠、雄蕊和雌蕊之间的关系，而且可以比较各种植物花的形态异同。绘制花图式的具体方法是：用“o”表示花轴，绘在花图式的上方；在花轴的对方或侧方绘中央有一突起的新月形空心弧线，表示苞片和两侧的小苞片；如为顶生花，则“o”及苞片和小苞片都不必绘出。花的各部分应绘在花轴和苞片之间。花萼以突起的和具短线的新月形弧线表示，花冠以黑色的实心弧线表示。如果花萼、花瓣都是离生的，各弧线彼此分离；如为合生的，则以虚线连接各弧线。同时，应特别注意花萼、花瓣各轮的排列方式（如镊合状、覆瓦状、旋转状）以及它们之间的相互关系（如对生、互生）。如萼片、花瓣有距，则以弧线延长来表示。雄蕊以花药的横切面来表示，绘制时应表示出排列方式和轮数、分离或联合以及雄蕊与花瓣之间的相互关系（对生、互生）。如雄蕊退化，则以虚线圈表示。雌蕊以子房的横切面来表示，绘制时应注意心皮的数目、结合情况（离生或合生）、子房室数、胎座类型以及胚珠着生的情况等（图 12－1）。由于花图式不能表示花的某些特征（如子房位置等），故还需要与花程式配合使用，才能把某一种花的结构特征完全表达清楚。因此，在描述一具体植物时，最好将花图式和花程式配合使用。

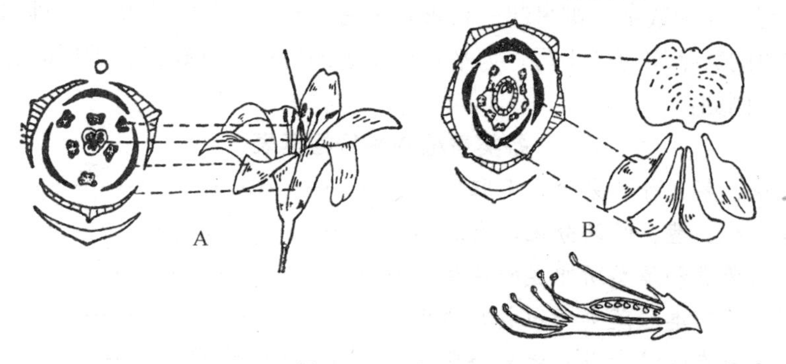

图 12－1　花图式

A. 百合科的花图式　B. 豆科中蝶形花亚科的花图式

（引自李扬汉，1984）

(三) 检索表的编制和使用

植物检索表是根据植物的特征去检索植物的一种文字表，是鉴别未知植物工具书之一。现将检索表的制定原则、种和具体用法，简述如下。

植物检索表是根据植物的花、果实和种子以及根、茎、叶等的主要特征，按照二歧分类（个别情况亦为三歧）原则排列制定的。所谓二歧原则就是事物的二分法，植物的性状也不例外。例如，种子裸露与包被，木本与草本，花被的有无，离瓣或合瓣，直根系或须根系，子房上位或下位，花整齐或不整齐，等等，都可分为相对应的两个性状。

植物检索表的排列方式主要有定距检索表和平行检索表两种。定距检索表是相对应的两个不同性状相隔一定的距离；平行检索表是相对应的两个不同性状，平行排列，紧密相连。

1. 定距检索表

在检索表中，相对应的特征被编为同样的号码，且在书页左边同样距离处开始描写，如此继续下去，描写行越来越短，直至追寻到科、属或种为止，查出植物的名称。它的优点是将相对应的性状都排列在同样的距离，一目了然，便于应用。缺点是两个相对应的性状常分开列出，不便于比较，且如果编排的种类过多，检索表势必偏斜而浪费很多篇幅。例如：

各类群植物定距检索表

1. 植物体无根、茎、叶的分化，没有胚胎
  2. 植物体不为藻类和菌类所组成的共生体。
    3. 植物体内有叶绿素或其他光合色素，为自养生活方式 ………………… 藻类植物
    3. 植物体内无叶绿素或其他光合色素，为异养生活方式 ………………… 菌类植物
  2. 植物体为藻类和菌类所组成的共生体 ………………………………… 地衣植物
1. 植物体有根、茎、叶的分化，有胚胎
  2. 植物体有茎、叶而无真根 ………………………………………………… 苔藓植物
  2. 植物体有茎、叶也有真根
    3. 不产生种子，用孢子繁殖 ……………………………………………… 蕨类植物
    3. 产生种子 ………………………………………………………………… 种子植物

2. 平行检索表

在这种检索表中，每一对照性质的描写紧紧相连，便于比较，在每一行之末，或为一学名，或为一数字。如为数字，则另起一行重新编写，与另一相对性状平行排列，如此，直至终了为止。左边的数字均为平头写，为平行检索表的特点。其缺点是类群间分类不明显，使用时比较烦琐。例如：

各类群植物平行检索表

1. 物体无根、茎、叶的分化，无胚胎 ………………………………………… 低等植物 2
1. 植物体有很、茎、叶的分化，有胚胎 ……………………………………… 高等植物 4
2. 植物体为菌类和藻类所组成的共生体 ………………………………………… 地衣植物
2. 植物体不为菌类和藻类所组成的共生体 ……………………………………………… 3
3. 植物体内含有叶绿素或其他光合色素，为自养生活方式 ………………… 藻类植物
3. 植物体内不含叶绿素或其他光合色素，为异养生活方式 ………………… 菌类植物
4. 植物体有茎、叶而无真根 ………………………………………………… 苔藓植物

4. 植物体有茎、叶也有真根 ………………………………………………………… 5

5. 不产生种子，用孢子繁殖 ………………………………………………… 蕨类植物

5. 产生种子 ……………………………………………………………………… 种子植物

植物检索表通常有分科、分属和分种检索表，可以检索出植物的科、属或种。本教材后面附的检索表为"种子植物分科检索表"，只要种子是植物都能使用，并且能检索到科。被检索植物究竟属于何属、何种还需分属检索表和植物图鉴的配合，不过已经查出科来，范围已经大大缩小了。

检索表的具体使用方法如下：

（1）根据季节，任采有花、果的植物数种，如为草本，则采整株；如为大的木本，则采带有花和果实的枝条。

（2）详细观察植物体的外形，仔细观察花和果实的结构。若花太小时，可借助放大镜和解剖镜观察，并写出花程式。

（3）根据观察解剖结果，依数字顺序进行检索，当表中的内容与被检索植物的特征相符合时，可继续查下去；如果不符合，应找另一个相对应的数字往下查，如此反复往下查，一直查到科名为止。

被查植物的特征，如能直接判断属于哪一大类，可直接由大类查起，不必从头检索。

观察植物特征时，应以典型材料为依据，不应以个别变异材料为标准，否则将达不到检索目的。

为了熟悉检索表的使用方法，对于初学者，为了便于观察解剖可以采用花果较大的植物去查。

（四）植物图鉴的使用

植物图鉴是运用简短的文字和精细的附图鉴定植物的工具书。它通常根据科属的不同，按照一定的系统排列，并列举植物的土名、中文名和学名，描述形态特征，对植物的分布和用途也作了说明。

植物图鉴的种类也很多，有全国性的，如《中国高等植物图鉴》和《中国植物图鉴》；也有地方的，如《广州植物志》《江苏南部种子植物手册》和《海南植物志》等；有专写树木的，如《树木学》；有专论药用植物的，如《中国药用植物图鉴》；也有分科专著的，如《中国禾本科植物图说》，等等。

植物图鉴和植物检索表一样，是鉴定未知植物的工具书，应当学会使用。具体使用方法如下。

（1）运用检索表查出科后，首先在图鉴的前面分科目录中，查到某科所在的页数。有些图鉴前面没有分科目录，而是在书后附有科名、属名、中文名或学名的汉字笔画表或拉丁文字母的索引。不管什么形式，总是可以查出科所在的页数。

（2）找到科所在的页数后，首先核对与该被查植物的特征是否一致，如果相符说明被查植物确属该科。再在该科的种类中，细对图形和文字记载，如果所有的特征全部符合，则证明鉴定无误；如果某些特征不相符合，则反复核对，做到准确鉴定。

为了准确鉴定，最好多查几个图鉴，以彼此证实，出版较早的图鉴不及新近出版的图鉴准确，这也是植物鉴定中应当注意的。

对尚未开花结果的植物，一般鉴定较难，且易出差错，应待有花有果时，再行鉴定，则

较为可靠。

为了熟练地掌握图鉴的用法，应反复练习，达到熟能生巧的境地。

四、作业

1. 采集 2～4 种植物，进行花和果实的解剖，写出被查植物的花程式、检索顺序、科名和种名。
2. 参照植物图鉴，记述 1～2 种被检植物的主要特征。

实验十三　植物蜡叶标本的采集、制作及其鉴定

一、目的与要求

1. 了解植物的形态特征和生活习性。
2. 学习和掌握植物标本的采集和制作方法。
3. 学习植物野外观察、记录与综合分析的方法。

二、仪器、用具与材料

标本夹、采集箱、剪刀、枝剪、高枝剪、铲子、小锄头、记录本、解剖镜、扩大镜、镊子、号牌、吸水纸、麻绳、吸湿草纸、卷尺、海拔仪、GPS、照相机、便携式植物标本干燥器、工具书、铅笔等。

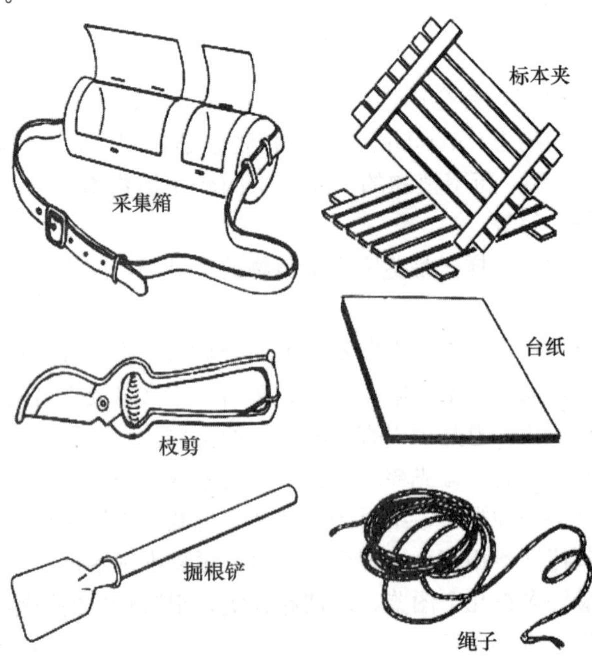

图 13－1　标本采集与制作部分工具

三、内容与方法

植物标本因保存方式的不同可分许多种，如蜡叶标本、液浸标本、浇制标本、玻片标本、果实和种子标本等。本实验仅介绍最常用的蜡叶标本的制作方法。

将植物全株或部分（通常带有花或果等繁殖器官）干燥后并装订在台纸上予以永久保存的标本称为蜡叶标本。这种标本制作方法最早于16世纪初由意大利人卢卡·吉尼（Luca Ghini）发明的，世界上第一个植物标本室建于1545年的意大利帕多瓦大学。一份合格的标本应该是：①种子植物标本要带有花或果（种子），蕨类植物要有孢子囊群，苔藓植物要有孢蒴，以及其他有重要形态鉴别特征的部分，如竹类植物要有几片箨叶、一段竹竿及地下茎。②标本上挂有号牌，号牌上写明采集人、采集号码、采集地点和采集时间4项内容，可以按号码查到采集记录。③附有一份详细的采集记录，记录内容包括采集日期、地点、生境、性状等，并有与号牌相对应的采集人和采集号。

（一）蜡叶标本的采集与制作

1. 蜡叶标本的采集

采集的标本，要求必须具有茎（或枝）叶、花、果实和种子。选取有代表特征的植物体各部分器官，中、小型草本植物应整株采集，注意是否具有变态的根、茎；大型的草本植物可以分段采集，将植株剪成上、中、下3段，上段必须具有花、果实、种子；中段代表茎、叶的特征；下段代表根和基部叶的特征，编为同一个采集号码。不同植物标本应选不同采集方法。

（1）木本植物 应采典型、有代表性特征、带花或果的枝条。可用枝剪采集25～35 cm长带有花或果枝的一部分，但必须注意采集的标本应尽可能代表该植物的特征，最好拍一张该植物的全形照片，以补充标本的不足。对先花后叶的植物，应先采花，后采枝叶。应在同一植株上采集标本。对雌雄异株的植物，应分别采集雌株和雄株。对于雌雄同株的植物，雌、雄花应分别采取。一般应有2年生的枝条，因为2年生的枝条较一年生的枝条常常有许多不同的特征，同时还可见该植物的芽鳞有无和多少，如果是乔木或灌木，标本的先端不能剪去，以便区别于藤本类。在采集过程中对易脱落的花和成熟的果实或种子应分别采集，将它们装入小纸袋中，与它们的植株编为同一个采集号码。

（2）草本及矮小灌木 要采取地下部分如根茎、匍匐枝、块茎、块根或根系等，以及开花或结果的全株。

（3）藤本植物 应在开花或结果季节采集具有藤本性状的部分枝条。

（4）寄生植物 采集寄生植物时应注意连同寄主一同采下，并要注明寄主和寄生植物的关系，同时记录寄主的种类和形态等。

（5）水生植物 很多有花植物生活在水中，有些种类具有地下茎。有些种类的叶柄和花柄是随着水的深度而增长的。因此采集这种植物时，有地下茎的应采取地下茎，这样才能显示出花柄和叶柄着生的位置。但采集时必须注意有些水生植物全株都很柔软而脆弱，一提出水面，它的枝叶即彼此粘贴重叠。携回室内后常失去其原来的形态。因此，采集这类植物时，最好整株捞取，用塑料袋包好，放在采集箱里，带回室内立即将其放在水盆中，等到植物的枝叶恢复原来形态时，用旧报纸一张，放在浮水的标本下，轻轻将标本提出水面后，立即放在干燥的草纸里好好压制。

（6）蕨类植物 采集有孢子囊群的植株，连同根状茎一起采集。

2. 野外记录

将采集到的标本做好详细记录，并将它们分别编号（图 13－2）。

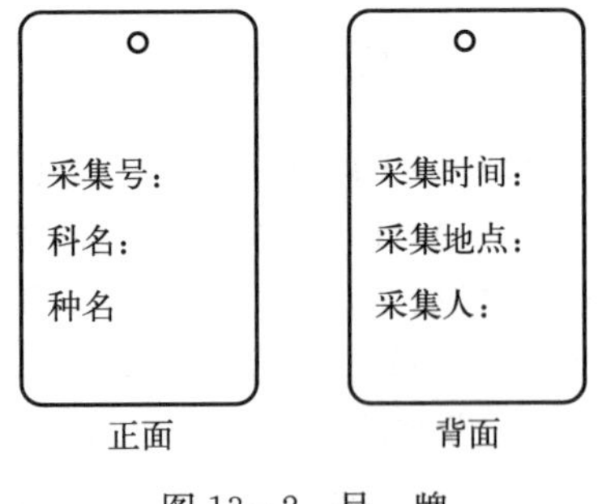

图 13－2　号　牌

为什么在野外采集时要做好记录工作呢？正如以上所讲：我们在野外采集时只能采集整个植物体的一部分，而且有不少植物压制后与原来的颜色、气味等差别很大。如果所采回的标本没有详细记录，日后记忆模糊，就不可能对这一种植物完全了解，鉴定植物时也会发生更大的困难。因此，记录工作在野外采集时是极重要的，而且采集和记录的工作是紧密联系的。所以，我们到野外前必须准备足够的采集记录纸（图 13－3），必须随采随记。只有养成了习惯，才能使我们熟练地掌握野外采集、记录的方法，只有熟练掌握野外记录方法后，才能保证采集工作的顺利进行。至于记录工作如何着手呢？一般应掌握的 2 条基本原则是：一是记录在野外能看得见，而在制成标本后无法带回的内容；二是记录标本压干后会消失或改变的特征。例如，有关植物的产地，生长环境，习性，叶、花、果的颜色，有无香气和乳汁，采集日期以及采集人和采集号等必须记录。记录时应该注意观察，在同一株植物上往往有两种叶形，如果采集时只能采到一种叶形的话，那么就要靠记录工作来帮助了。此外如芦苇等高大的多年生草本植物，我们采集时只能采到其中的一部分。因此，我们必须将它们的高度、地上及地下茎节的数目、颜色记录下来。这样采回来的标本对植物分类工作者才有价值。常用的野外采集记录表如图 13－3 所示。

湖南农业大学植物标本

采集记录

标本号数：

采集人：　　　　采集号数：

采集日期：　　　年　　　月　　　日

产　地：

环境：地形：　　　　海拔：　　　米

地质：

土壤：

小环境：

生态：

性状：

高度：　　　米　胸径：　　　米

形态：树皮

根

茎

叶

花

果

附记：

中文名：　　　　科名：

俗名：

学名：

图 13－3　常见野外采集记录表

采集标本时参考以上采集记录的格式逐项填好后，必须立即用带有采集号的小标签（图13－4）挂在植物标本上，同时要注意检查采集记录上的采集号数与小标签上的号数是否相符。同一采集人采集号要连续不重复，同种植物的复份标本要编同一号。记录上的情况是否是所采的标本，这点很重要，如果其中发生错误，就失去标本的价值，甚至影响标本鉴定工作。

湖南农业大学植物教研室植物标本室			
科名			
学名			
中文名			
采集人		采集地	
鉴定人		采集日期	
采集号		标本号	

图13－4　定名标签

3. 蜡叶标本的整理

将已做好详细记录和编号的标本进行清理、整形、修剪，剪掉残枝、病枝或过密的枝叶，使标本保持自然状态。如果叶片太大不能在夹板上压制，可沿着中脉的一侧剪去全叶的40％，保留叶尖。若是羽状复叶，可以将叶轴一侧的小叶剪短，保留小叶的基部以及小叶片的着生位置，保留羽状复叶的顶端小叶。对肉质植物如景天科、天南星科、仙人掌科等，先用开水杀死。对球茎、块茎、鳞茎等除用开水杀死外，还要切除一半，再压制，以便促使其干燥。

4. 蜡叶标本的压制

先将绑有绳子的一块标本夹板放于地上，在夹板上放上几层吸水纸，将整形后的标本平展地放在吸水纸上，保持植物自然状态，叶片不要皱折或重叠，要压正面叶也要压反面叶，正面叶片要多，反面叶片要少。标本整理好后，在标本上放2层吸水纸，再放上另一份标本，再放上2层吸水纸，将标本与草纸互相间隔，这样反复做直到将所有标本都压制完，在最后1份标本上多放几层吸水纸，最后再放上另一块标本夹板，用绳子捆紧。注意标本夹的四个角高低要一致。放于有阳光、通风的地方或放入恒温鼓风干燥箱中烘干。

压制标本时，还须注意将标本的首尾不时调换位置，使所夹的标本（指标本和草纸）整齐平坦，以免倾倒。在压制过程中，标本的任何一部分都不要露在纸外。有些花、果或根部比较大的标本，压制的时候常常因为突起而造成空隙，而使部分枝、叶不能紧密接触吸水纸而卷曲起来。在这种情况下，要将纸折叠把空隙填平，让全部枝、叶受到同样的压力。

在压制过程中，对体积较小的草本植物，可以2～3份压在一起，但必须是同一采集号的标本；对过长的草本植物，可将其折叠成“V”形、“N”形、“M”形压制；对高大的草本植物，则可以在同一株上分段采集有代表性的上、中、下3段，编为同一个采集号，分别压制。在压制过程中脱落的花、果实或种子不要丢掉，用纸袋装起来，并与植株编上相同的采集号。

对一些大型的果实和一些异常肥大的根或地下茎，一般也无法压制，可采用浸制方法单独保存，与枝叶部分做统一编号，配套使用。

在没有标本夹的情况下，对少量标本可将标本整理后，分别夹入吸水纸中，将它们重叠放好，在上面压上几本较大的书。

5. 标本的换纸干燥和整理

新压制的标本，因植物体内的水分较多，每天需换 2 次干燥的吸水纸（早晚各一次），不然标本就会变色、发霉。1 周后可改为每天换一次纸，直到将标本压干为止。每次换下来的湿纸要抓紧时间烘干或晒干，备下次换纸时使用。

在最初两次换纸时，如发现标本有重叠或折叠时，要用镊子或手进行再一次整形。尤其是花和叶子要平展，并保证标本正面和反面都能看到花、叶的特征，使标本保持原来的自然状态。易脱落的果实、种子和花，要用小纸袋装好，放在标本旁边，以免翻压时丢失。

标本干后，如不马上上台纸，可留在吸水纸中保存较长时间。如吸水纸不够用，也可从吸水纸中取出，夹在旧报纸内暂时保存。

6. 蜡叶标本的装订

先将台纸放在桌上，将压干的标本放在台纸中央，以确定标本的位置。注意：一张台纸上只能订一种植物标本。放置标本时要注意突出该植物的特征，并使标本在台纸的位置适宜、美观、整洁。通常将标本可直放或斜放，注意要把台纸左上角和右下角的位置留出来，以便粘贴标签。还应注意标本的上、下，左、右离台纸板边缘的距离应相等。如果标本过大，可适当修剪一部分，但要保留标本的主要特征。另外，如果标本的枝、叶过多产生重叠现象，也可适当修剪一些重叠的枝、叶。

标本整理好后，将标本背面朝上放在一张干净的吸水纸上，在标本上均匀地涂上胶水，然后将标本放在已确定的位置上。再用一张干净的吸水纸，放在标本上用手轻轻抹一遍，以保证标本与台纸之间粘得牢固。并用湿布很小心地把多余的胶擦掉。若有少量的叶片或花、果实在压制时脱掉，装订时可将它们粘在脱落的位置上。

标本粘贴好后，还要用白棉线来做辅助性的捆扎，这样标本才能牢固。捆扎的方法是在需要固定的部位两边各扎一个眼，穿过双线，再在台纸背面打结。要求两眼点平行，不要错位。较大的部分，可以用十字形穿线打结固定。捆扎时，应从根部向上逐步捆扎，捆扎完后在台纸背面打结。凡是枝条、果实等处需要多少道针线就用多少道针线，针线穿过的地方越靠近植物部位越好，这样不会损坏台纸，而且牢固。做好之后，在所有针眼的地方都要点一些胶，使之固定及加强台纸的强度。另外，也可用纸条订好，也可用胶水粘贴。

待标本装订好之后，将野外采集记录贴在台纸的左上角。最后把装有脱落的叶、花、果实、种子的小纸包或照片贴在台纸上。粘贴小纸包的位置要看标本装订好后的空间，一般将小纸包贴在台纸的右边，横放或直放均可。但要将小包的开口朝上或朝右，在打开标本时，小包里的碎片就不会损失。

7. 标本的鉴定与保存

在台纸的右下角和左上角，分别贴上鉴定名签和野外采集记录。将制作好的标本经消毒后，放于干燥的专用标本室或密闭性能良好的标本柜中，注意干燥、防蛀（放入樟脑丸等除虫剂）。标本室中的标本应按一定的顺序排列，科通常按分类系统排列，也有按地区排列或按科名拉丁字母的顺序排列；属、种一般按学名的拉丁字母顺序排列。

8. 标本的杀虫与灭菌方法

为防止害虫蛀食标本，必须进行消毒，通常用升汞［即氯化汞（$HgCl_2$），有剧毒，操作时需特别小心］配制 0.5%的酒精溶液，倾入平底盆内，将标本浸入溶液处理 1～2 min，再拿出夹入吸水纸内干燥。此外，也可用敌敌畏、二硫化碳或其他药剂熏蒸消毒杀虫。

在保存过程中也会发生虫害，如标本室不够干燥还会发霉，因此必须经常检查。对标本造成危害的昆虫有药材窃蠹（*Stegobium paniceum*）、烟草窃蠹（*Lasioderma serricorme*）、西洋衣鱼（*Lepisma saccharinq*）、线形薪甲（*Cartodere filum*）、书虱（*Liposcelis*）、地毯甲虫（*Anthrenus verbasci*）等（图 13－5），非昆虫有害生物有螨类、霉菌等。虫害和霉变的防治可从三方面着手。

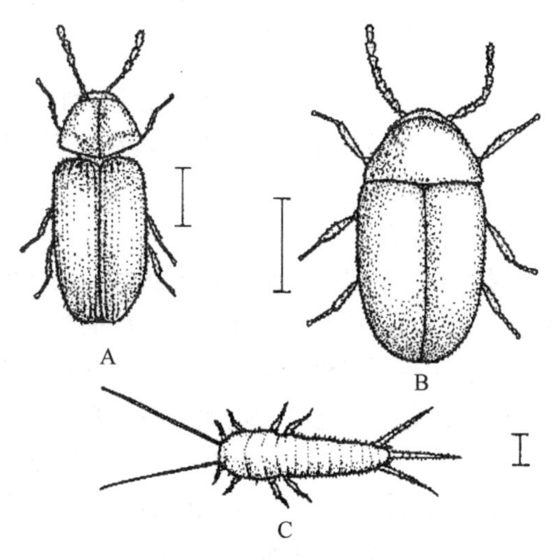

图 13－5 标本室常见昆虫
A. 药材窃蠹 B. 烟草窃蠹
C. 西洋衣鱼（所有标尺为 1 mm）

（1）隔绝虫源 门、窗安装纱网；标本柜的门能紧密关闭；新标本或借出归还的标本入柜前严格消毒杀虫。

（2）环境条件的控制 标本室温度应保持在 20～23 ℃，湿度在 40%～60%，保持环境卫生。

（3）定期熏蒸 每隔 2～3 年或在发现虫害时，采用药物熏蒸的办法灭虫，常用药品有甲基溴、磷化氢、磷化铝、环氧乙烷等。但这些药品均有很强的毒性，应请专业人员操作或在其指导下进行。此外，也可用除虫菊和硅石粉混合制成的杀虫粉除虫，该方法毒性低，不残留，比较安全。在标本柜内放置樟脑能有效地防止标本的虫害。

四、作业

1. 填写好实习报告。
2. 结合专业制作一套蜡叶标本（10 份以上），写出种名、学名、科名等。

实验十四 徒手切片与临时制片技术

一、目的与要求

熟练掌握徒手切片方法，为今后学习和研究植物内部结构奠定基础。

二、仪器、用具与材料

1. 仪器与用具

显微镜、锋利的双面刀片、刀片、培养皿、镊子、纱布、毛笔、滴瓶、载玻片、盖玻片等。

2. 材料

萝卜肉质直根、1%的番红水溶液、0.5%的固绿酒精溶液、各级浓度的酒精（无水酒精、95%、80%、70%、50%、30%）二甲苯、蒸馏水、甘油、中性树胶等。

三、内容与方法

实验室操作时需要掌握的植物制片技术有徒手切片、临时装片、压片与涂片、永久玻片制作、简单的显微化学测定等。现在分别加以介绍，有些实验技术在具体的实验中再介绍。

（一）徒手切片法

徒手切片法是指手拿刀片把新鲜的植物材料切成薄片，所做的切片通常不经染色或经简单染色后，制成临时制片用于观察。由于徒手切片法操作简单，不需复杂的设备，且能随时随地迅速观察新鲜植物材料的生活细胞及各器官内部组织的生活状况和天然色彩，是植物学科研教学中常用的方法。徒手切片法得到的切片也可以经过脱水与染色制成永久制片。

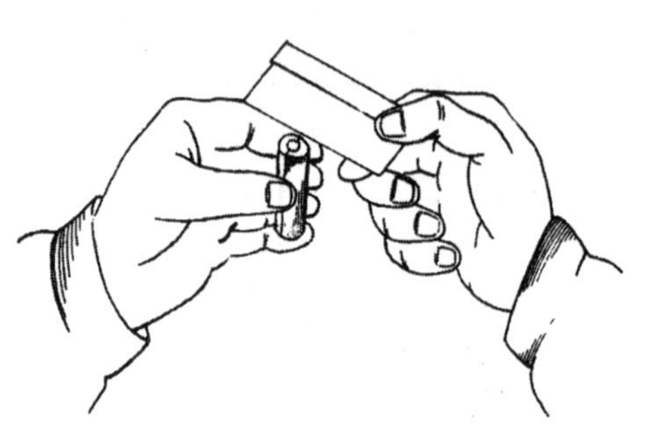
图 14－1　徒手切片姿势

1. 取材

根据观察目的选择材料，如观察正常结构需选择生长正常无病虫害，且无机械损伤的植物根、茎、叶；材料应软硬适度，不宜太软或太硬，切较软材料时，可用马铃薯块茎、胡萝卜根等作为夹持物，将欲切的材料夹住一起切，或将叶片类材料卷成筒状再切。

将欲切的材料，先截成适当的段块，一般切面 3～5 mm^2 为宜，长度则应取 2～3 cm，便于手持切片。

2. 切片方法及注意事项

（1）在培养皿中放入清水，将欲切材料断面沾水（整个切片过程中均应用清水润湿材料和刀面），以左手拇指、食指、中指捏住材料，拇指略低于食指与中指，材料切面应稍高于食指，其余手指则略低于食指，以免切时损伤手指。右手执刀，将刀平放在左手食指上，刀口朝内指向材料切割面并与材料断面平行，然后以均匀快捷的动作自左前方向右后方以臂力带动刀片水平切割移动（手腕不必用力）。切时动作要迅速，材料一次切下，切忌停顿或拉锯式切割。连续切数片后，用湿毛笔将切下的薄片轻轻移入盛水的培养皿中备用（注意：切片时应做连续切片，不应切一片看一片，否则切不出好的薄切片，反而浪费时间；切片过程中有时会因用力不均或刀片不锋利而出现切面倾斜的现象，要及时修正）。

（2）用毛笔（或镊子）挑选最薄而透明的切片（不必追求完整，只要材料的切片能反映结构即可，如辐射对称或两侧对称的材料，切片只要是过材料横切面中心的 1/4 或 1/2 大即可），做成临时制片观察。

根据切片的方向可分为三种切面，即横切面、纵切面和弦切面。横切面是垂直于茎或根长轴而切的切面；纵切面是通过中心而切的切面，即径向切面；弦切面是垂直于半径而切的纵切面，也称为切向切面（图 14－2）。

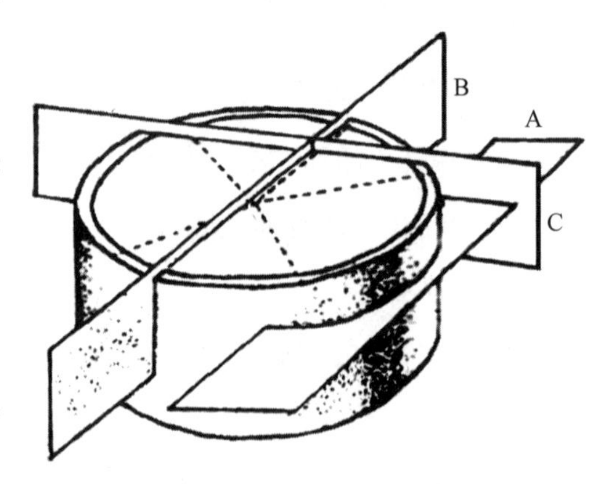

图 14－2　三种切面图示

A. 横切面　B. 纵切面　C. 弦切面（切向切面）

（二）临时制片法

用一定的方法将植物材料制成可在显微镜下观察的材料，即将植物材料放在载玻片上的水滴中，加上盖玻片制成临时制片进行观察，称为临时制片法。如单细胞、丝状体或单层细胞组成的植物体可直接加入水滴中制成临时制片观察；植物表皮等结构可撕取后制片；花粉可挤压后制片；用徒手切片法将植物材料切成薄片等均可制成临时制片。其制作步骤如下。

（1）将浸泡过的载玻片和盖玻片用纱布擦净，擦载玻片时，用左手的拇指和食指夹住其边缘，右手将纱布包住载玻片的上下两面，反复轻轻擦拭；擦盖玻片时则更应小心，应先将纱布铺在右手掌中，左手拇指和食指夹住盖玻片边缘轻放在纱布上，然后右手拇指和食指从上下两面隔纱布轻轻夹住盖玻片擦拭，用力要均匀，勿将盖玻片弄碎。

（2）用玻璃滴管在载玻片中央滴一滴水，用镊子选取切好的一片或2～3片薄片放在水滴中，注意不要互相重叠。

（3）用镊子轻轻夹住盖玻片一侧，使盖玻片一侧边缘与水滴边缘接触，然后慢慢向下放盖玻片。这样可使盖玻片下的空气渐渐被水挤掉，以免产生气泡。如果水太多，材料和盖玻片易浮动，影响观察，可用吸水纸条从盖玻片一侧吸去多余水分；如果水未充满盖玻片，易产生气泡，且根据显微镜设计原理，不加盖玻片或材料未被水浸透不能得到清晰物像，因此要从盖玻片一侧用滴管补加水。

（4）初做临时制片时，盖玻片下易有气泡，此时要注意区分气泡和植物细胞正常结构：气泡呈圆球体，中间亮，边缘是黑圈，且随着调焦旋钮的转动，黑圈的大小亦在变化。

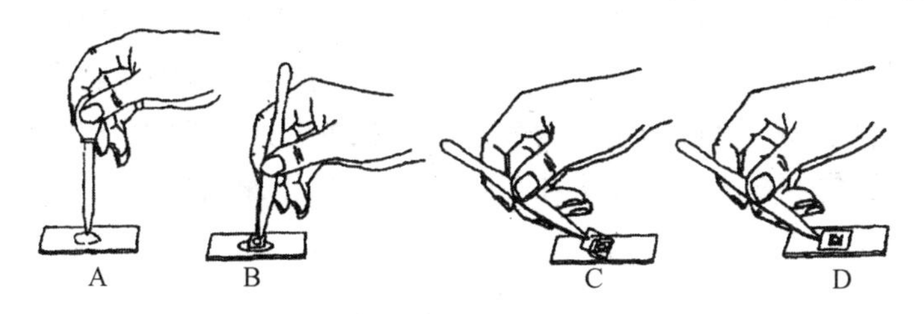

图14-3　临时制片过程（A～D示顺序）

（5）如临时制片需保存一段时间，则可用10%～30%甘油水溶液代替清水封片，并将制片放在铺有湿滤纸的大培养皿中保存，或用指甲油封边。如果切片需要长期保存下来，请参看石蜡切片制成永久制片的方法。

四、作业

1. 填写好实验报告。
2. 对标本进行显微照相，并上交一张显微照片。

实验十五　植物染色体标本制作与染色体核型分析

一、目的与要求

1. 学会几种染色体制片方法，如醋酸洋红压片法、酶解法等。

2. 初步了解染色体计数和核型分析。

二、仪器、用具与材料

1. 仪器与用具

显微镜、载玻片、盖玻片、镊子、吸水纸、纱布块、解剖针、剪刀、解剖刀、玻璃棒、铅笔、恒温水浴锅、温度计、冰箱、恒温干燥箱、显微摄影系统、照片打印纸。

2. 试剂与药品

酒精、冰醋酸、甲醇、盐酸、铁矾、苏木精（或洋红、苯酚品红）、秋水仙碱（或对二氯苯饱和水溶液、8-羟基奎啉、富民隆乳剂）、二甲苯、中性树胶、苯酚、甲醛、山梨醇、纤维素酶、果胶酶、磷酸缓冲液、改良苯酚品红或吉姆萨等。

3. 材料

大蒜、洋葱的鳞茎，蚕豆的种子。

三、内容与方法

染色体组是一个二倍体生物中配子所含有的全套染色体。染色体核型，又称染色体组型，指染色体组在细胞分裂中期所有可测定的表型特征总称，包括染色体的总数、染色体组的数目、组内染色体的基数及每条染色体的大小和形态（图 15－1）。染色体核型分析是对染色体进行分组，对核型的各种特征进行定量和定性描述，是研究染色体的基本手段之一，可以用来鉴别真假杂种，对染色体结构变异和数目变异、B 染色体、物种的起源和植物的遗传进化、基因定位等方面研究也具有重要的参考价值。核型模式图是将染色体组的全部染色体按其特征逐个绘制下来，再按长短、形态等特征排列起来（图 15－2）。国内外通用的制备植物染色体标本的基本方法是压片法和去壁低渗-火焰干燥法。

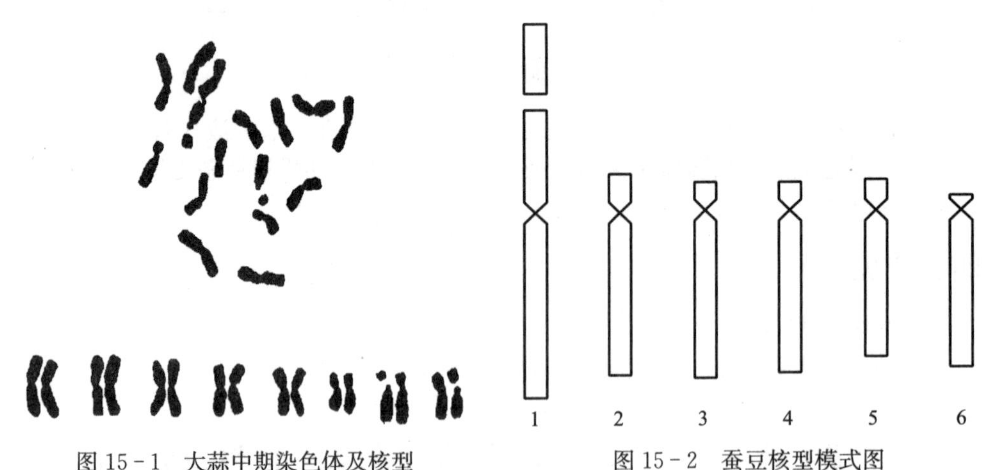

图 15－1　大蒜中期染色体及核型　　图 15－2　蚕豆核型模式图

1. 压片法

在生物技术上，除用切片法观察细胞外，还可用压片法，尤其是观察细胞中的染色体数目，用压片法最为合适，不仅省事，结果也比切片法好。压片法是将材料置载玻片上，用解剖刀或解剖针拨开，加染液一滴，盖以盖玻片，施以压力，使材料破碎，细胞分散，然后进行观察。压片法种类很多，下面介绍两种。

（1）醋酸-洋红法　此法多用于制备幼小花药，观察花粉母细胞减数分裂的压片。而对根尖压片有时染色不好（但对洋葱根尖染色较好）。其步骤如下。

① 将花药或根尖（先切成 0.5 cm 长），投入卡诺氏固定液中固定 15～60 min，然后移至 70%酒精中保存。

② 取固定保存的材料放入盐酸酒精解离液（95%酒精一份、浓盐酸一份，将二者混合即成）中 5～8 min。或置 1 mol/L 盐酸（取相对密度 1.19 的盐酸 82.5 mL，加水至1 000 mL 即成）中于 60 ℃的水浴温度下，处理 6～8 min，至透明为止。

③ 用清水冲洗干净解离液。

④ 取洗净的材料，放在载玻片上，用醋酸洋红染液（或醋酸苏木精染液）染色 5～10 min。

⑤ 然后将材料移至另一清洁的载玻片上。重新用染液装片，覆以盖玻片，以铅笔的橡皮头端轻轻压盖玻片，使材料呈现分散的薄层，置显微镜下观察。

（2）铁矾-苏木精法　此法一般用于细胞有丝分裂中的染色体计数，由于染色体被染成紫蓝黑色，用于显微照相，效果较好。（由于各种植物有自己的特殊性，因此，取材的时间、取材的部位、预处理的时间、固定的时间、水解的时间、染色的时间等，都有可能不同。在此只做大致的介绍，具体材料还需做预备实验进行摸索。另外还要注意，各次水洗一定要洗干净沾在材料上的药液，以免影响下一个步骤的结果。）染色步骤如下（以蚕豆根尖作材料为例）。

① 取材　使蚕豆种子萌发。待种子根长至 1 cm 左右，在上午 8～11 时，切下长约 0.5 cm的根尖，进行预处理。

② 预处理　目的使分裂细胞的染色体缩短和比较分散，便于压片观察。预处理是在固定以前进行，方法是将材料切下放入以下溶液：0.05%～0.2%秋水仙碱水溶液中处理 2～5 h，或对二氯苯饱和水溶液中处理 3～5 h，或 8 -羟基奎啉（0.004%～0.005%），处理 2～12 h，或富民隆乳剂（0.01%），处理 24～48 h，或在 0～3 ℃下冷冻处理 24 h。

③ 固定　通常用 95%酒精-冰醋酸（3∶1）固定液固定 1～24 h。固定后换入 70%酒精中保存。一般可保存 1～2 周，如放入冰箱中（3～8 ℃）则可保存数月。

④ 离析　将保存在 70%酒精中的根尖，用刀纵切成两半，换入蒸馏水，然后移入 1 mol/L盐酸中，在 60 ℃的水浴中离析 10～15 min。

⑤ 水洗　离析后必须用水洗净残留盐酸，否则会影响染色。

⑥ 媒染　将根尖移入 4%铁矾水溶液中，媒染 20～30 min，然后用水洗净。

⑦ 染色　放入 0.5%苏木精水溶液染色 3～5 h，如果需要染色较久（如过夜）则可将苏木精溶液浓度稀释。

⑧ 压片　用镊子夹取根尖一段，放在载玻片上，滴上一小滴醋酸，迅速捣碎根尖，盖上盖玻片，用铅笔的橡皮头轻压，使材料分散成一薄层。

⑨ 镜检　将材料压好后，放置显微镜下观察。

若要做永久保存，可将玻片放在电冰箱中冷冻，结了冰霜后便可揭下盖玻片，然后将沾有材料的玻片分别与另外干净的盖玻片和载玻片进行封片处理，制作永久玻片。也可按以下步骤制成永久制片。

① 将压片直接倒放在盛有 1/2 45%醋酸和 1/2 95%酒精的培养皿中，并使玻片稍成倾斜（一边可垫上一玻璃棒）。待过 5～10 min，即可见盖玻片从载玻片上脱落下来，此时即按原来位置翻开。

② 将已分开的载玻片与盖玻片，用吸水纸吸去多余的醋酸液，换入冰醋酸-无水酒精（1∶1）中，3 min。

③ 将载玻片与盖玻片移入无水酒精中（二次），每次 3 min。

④ 移入无水酒精-二甲苯（1∶1），3 min。

⑤ 移入二甲苯（二次），各 3 min。

⑥ 用加拿大树胶按原来的位置封藏玻片。

⑦ 移入温箱烘干（20～30 ℃），3 h，即得永久制片。

2. 去壁低渗-火焰干燥法

(1) 取材 将洋葱的鳞基，置于盛水的小烧杯上，放在 25 ℃温箱中，待根长到 2 cm 左右时，在上午九时取根尖。或将蚕豆种子洗净，加入 50 ℃的温水浸泡 1 d，然后转入垫有湿润吸水纸的白瓷盘中，置 25 ℃温箱中发芽，种子幼根长至 1～2 cm 时，上午 9 时取根尖。

(2) 预处理 将取下的根尖置于 0.01%～0.1%的秋水仙碱溶液的青霉素瓶中，浸泡处理 2～5 h。

(3) 固定 经过预处理的根尖，用水洗净，投入甲醇-冰醋酸（3∶1）固定液固定 2～24 h。其间更换一次固定液。

(4) 酶解去壁 从固定液中取出洋葱或蚕豆根尖，用蒸馏水漂洗干净，切掉多余部分，留下分生区，放入 2.5%果胶酶和 2.5%的纤维素酶混合液中于 27 ℃温箱处理 2～5 h，直至材料软化。

(5) 后低渗 酶液倒在另一瓶中，材料用蒸馏水漂洗干净，洗 5 次，最后一次在蒸馏水中浸泡 30 min。

(6) 再固定 倒去蒸馏水，加入甲醇-冰醋酸（3∶1）固定液固定 10 min。

(7) 涂片 取根尖置干净载玻片上，加 1～2 滴新配固定液，迅速用镊子夹碎根尖，并敲打成匀浆状，这一过程中固定液不能干，要干时继续加固定液，然后在酒精火焰上灼烧，呈现雨点状斑点即可贴上标签。

(8) 染色 将玻片倒扣在垫有枕木的白瓷板上，将磷酸缓冲液（pH6.8）与吉姆萨原液按 20∶1 混合，从玻片的下面滴在白瓷板上，染色 30 min，再用蒸馏水冲洗玻片的背面，晾干。

(9) 镜检 在显微镜下仔细观察，寻找染色体形态清晰、染色适中、分散良好的分裂中期像。

附：改良苯酚品红染色液配制法，取 3 克碱性品红，溶于 100 mL 70%酒精中（可无限期保存）；取 10 mL 此溶液加入 90 mL 5%苯酚水溶液（两周内用有效）；取此溶液 55 mL，加入冰醋酸和 37%甲醛各 6 mL；取此混合液 2～10 mL 加入 90～98 mL 45%醋酸和 1.8 克山梨醇。这样便配制成了染色液，此液放置越久后越好使用。

3. 染色体计数与核型分析

(1) 计数 在显微镜下观察 30 个以上体细胞染色体数目。方法是在显微镜下边观察边画图，将一个细胞内染色体划分成几个自然分散区组，便于计数。其中 85%以上的细胞具有的恒定的染色体数目则可以认为是该个体的染色体数目。

（2）拍照　选取5～10个染色体分散良好的中期细胞，进行显微摄影，同时将镜台测微尺在同样的倍数下拍照。

（3）描述和测量　对体细胞分裂中期的具有高质量的染色体图像进行形态描述，以5个以上的细胞为准，测量以下内容。

绝对长度：用显微测微尺直接测量的实际长度（μm），或经显微摄影后在放大照片上的换算长度。同时测量染色体长臂和短臂的长度。有随体的染色体，其随体长度和次缢痕长度可计入全长，也可不计入，但必须加以说明。记录测量的数据。

绝对长度（μm）＝［放大的染色体长度（mm）/放大倍数］×1 000

相对长度：指单个染色体的长度占单套染色体组（性染色体除外）总长度的百分数。

相对长度（%）＝（单个染色体长度/单套染色体组全长）×100%

相对长度系数＝染色体长度/全组染色体平均长度

臂比值：臂比值反映着丝点在染色体上的位置（精确到0.01）。

臂比值＝染色体长臂/染色体短臂

染色体长度比＝最长染色体长度/最短染色体长度

核型不对称系数＝长臂总长/全组染色体总长

（4）配对　根据形态、臂比值等特征配对。

（5）排列　按一定顺序将一个细胞内的染色体进行排队、编号。

排列方式：从大到小排列；相同长度的染色体，短臂长的在前；无特殊标记的染色体（如随体）排列在前，有特殊标记的染色体（如随体）排列在后；性染色体单独另排或放在最后。

附：染色体长度类型确定

相对长度系数值长度类型符号记为：

≥1.26，长染色体（L）；

1.25～1.01，中长染色体（M2）；

1.00～0.76，中短染色体（Ml）；

≤0.75，短染色体（S）。

（6）剪贴　剪切、计数，沿染色体边缘剪下每条染色体。把已经排列的同源染色体按先后顺序粘贴在绘图纸上。着丝点处同一水平线，长臂向下，短臂向上，垂直粘贴。

（7）分类　即着丝点位置确定，依据臂比值，将染色体分类。

根据臂比值将染色体分为以下几种类型（表15-1）

表15-1　染色体类型

臂比值	染色体类型	
1.00	正中部着丝点（media point）	M
1.01～1.70	中部着丝点区（media region）	m
1.71～3.00	近中部着丝点区（submedia region）	sm
3.01～7.00	近端部着丝点区（subterminal region）	st
7.01以上	端部着丝点区（terminal region）	t
∞	端部着丝点（terminal point）	T

（8）核型公式表示方法

核型公式：即综合核型分析结果，将核型的主要特征以公式表示。如核型为 $2n=2x=20=6\ m+2sm+2st$（2SAT），即表示：有 6 个中部着丝点的，2 个近着丝点的，还有 2 个随体染色体。以芍药为例：$2n=2x=10=6\ m+2sm+2st$。

（9）核型模式图的绘制

根据核型分析结果表中所列各染色体的相对长度平均值绘制一坐标图。横轴上标明各染色体序号，每一染色体与其序号相对应，纵轴表示相对长度值（%），零点绘在纵轴的中部，并与各染色体的着丝点相对应。该图即为该细胞的核型模式图。

4. 注意事项

无论何种方法，制片时都可能造成染色体的丢失、重叠等现象；制片方法不同，细胞所处的生理状态不同，染色体的收缩程度就不同；用秋水仙素等药物进行预处理还能引起染色体加倍，所有这些因素都能使观察结果产生偏差。因此不能仅根据对一两个细胞的观察结果确定一个物种的核型，而必须观察、分析多个个体、多个细胞。一般至少要统计 30 个以上的分散良好、染色体形态清晰的有丝分裂中期细胞，如这些细胞的染色体都恒定一致，即可认定为该物种的染色体数目。

四、作业

1. 拍摄根尖染色体分裂相，并记录其染色体数目。
2. 将测量结果填入下表

大蒜核型分析参数表

染色体序号	放大相片长度（mm）			绝对长度（μm）			相对长度	臂比	染色体类型	备注
	长臂	短臂	全长	长臂	短臂	全长				
1										
2										
⋮										

3. 制作染色体核型图，绘制核型模式图

五、思考题

1. 根据有关资料，试述被子植物细胞染色体数目的变化趋势。
2. 试述染色体基数对植物科学分类有何帮助。

实验十六　野外观察

一、目的与要求

1. 扩大和巩固所学的理论知识，使理论和实践相结合，综合运用以前所学知识，培养学生综合分析问题和解决问题的能力，初步理解植物的多样性。

2. 接触常见植物 70 科 300 种，认识 50 科 200 种，学会熟练地解剖植物，描述植物，正确使用植物检索表和图鉴。

3. 学会分析植物与环境的关系。

二、仪器、用具与材料

解剖镜、扩大镜、镊子、小锄头、枝剪、采集箱、记录本等。

三、内容与方法

各小组在教师带领下，通过野外观察，系统复习和巩固植物的形态、变态和系统进化方面的基本知识，融会贯通这些方面的主要内容。以讲解和提问方式进行。

在教师的带领和指导下，通过野外观察系统复习和巩固植物的生态、群落和植被方面的基本知识，了解植物的生态环境和分布规律。以讲解或提问的方式进行。

通过野外观察，系统复习和巩固植物界各大类群和被子植物主要科的基本知识，掌握它们的主要特征。通过实地采集，认识 100 种以上与专业密切相关的植物，并利用所学知识，记载其主要形态特征。并将记载本统一上交给教师，作为一次考试内容。为了详细掌握学生了解植物的情况，将对学生普查或抽查一次。办法是到野外或采回植物，当面认识，当场记分，作为成绩的一部分。

讲解或演示蜡叶标本的采集和压制方法，了解采、压植物标本常用的工具，采什么样的标本，如何采，如何压制干，如何消毒和上台纸等。

四、作业

1. 填写好实习报告。

2. 提交 1 份观测地的植物名录（按科排列），或根据自己的调查，提交 1 份科或属的植物资源调查报告。

第二篇　植物学综合性实验

实验一　植物标本（或校园植物）鉴定

一、指导思想

学生在已掌握植物形态学、检索表使用与编制基础知识、基本理论和基本实验技能的基础上，在教师指导下，根据实验室条件，对未知植物材料（带有花果的鲜活材料）实施实验鉴定，最后根据实验结果完成实验内容，以培养学生的动手能力，分析解决问题的能力。

二、目的与要求

目的：根据植物各个器官的结构特点及检索表使用与编制基础知识，完成实验，以培养学生验证或解决植物个体形态结构的实际问题的能力，培养学生创新意识及能力。

要求：学生自己到近郊采集带花果的标本 5～10 份，先根据检索表对标本进行科、属、种的鉴定，然后制作并上交完整的植物标本 1 份。

三、涉及的内容或知识点

（1）检索表的使用方法
（2）植物营养器官的结构特点
（3）被子植物花的组成、结构特点
（4）被子植物果实的组成、结构特点
（5）植物标本的采集和制作方法

四、采用的教学手段和方法

教学手段：以集中、定时完成标本的鉴定和制作的方式进行。

方法：由教师根据实验的目的、意义和具体安排，按实验室所具备的条件，明确内容由学生自行完成。

实验二　植物形态的综合鉴定

一、指导思想

学生在已掌握植物形态学基础知识、基本理论和基本实验技能的基础上，在教师指导下，根据实验室条件，对未知植物结构材料实施实验鉴定，最后根据实验结果进行分析，以培养学生的动手能力，分析解决问题的能力。

二、目的及要求

目的：根据植物各个器官的结构特点及类型的鉴定方法，完成实验，以培养学生验证或解决植物个体形态结构实际问题的能力，培养学生创新意识及能力。

要求：根据所进行的实验完成所给材料的鉴定。

三、涉及的内容或知识点

(1) 植物细胞内含物的鉴定方法
(2) 双子叶植物根初生、次生结构的特点
(3) 双子叶植物茎初生、次生结构的特点
(4) 单子叶植物根、茎结构的特点
(5) 单子叶植物叶结构的特点
(6) 双子叶植物叶结构的特点
(7) 裸子植物叶结构的特点
(8) 植物组织的类型特点
(9) 被子植物花的组成、结构特点
(10) 被子植物果实的组成、结构特点

四、采用的教学手段和方法

教学手段：集中、定时完成的方式进行。

方法：由教师根据实验的目的、意义和具体安排，按实验室所具备的条件，明确内容由学生自行完成。

第三篇　植物学实验技术基础

在植物学实验教学中，需要掌握的基本实验技术有显微绘图技术、植物制片技术、标本制作技术、显微镜操作使用技术等。

一、生物图的绘制方法

在实验报告中，或是在将来的科学研究报告中，都需要用一些细胞结构图或轮廓图来表示组织或器官的结构，因此，植物学绘图也是植物学实验的基本内容。尽管目前显微摄影已很普遍，但有时也要衬以简洁的线条图以使所显示结构更加清晰。因此，在学习过程中有必要掌握正确的绘图方法和技巧。细胞和组织绘图是根据显微镜下的观察内容绘制的，因此，首先要充分观察了解所绘材料的特点、排列及比例。选择有代表性的、典型的部位进行绘图。客观真实地反映材料的自然状态。即生物绘图要求具备高度的科学性和真实感，形态正确、比例适当、清晰美观。现简要说明植物学绘图方法。

要注意科学性和准确性。必须认真观察要画的对象，学习有关的文字记载、实验指导等，正确理解各部特征，才能在绘图时保证形态结构的准确性，并说明某一科学问题。绘图前先要把所需要画的对象观察仔细，各部分的结构都要看清楚，同时要把正常的结构与偶然的、人为的一些“结构”区分开，然后选那些有代表性的典型的部位进行绘图。

根据绘图纸张大小和绘图的数目，安排好每个图的位置及大小，并留好注释文字和图名的位置。画图前还要确定所要画的图在报告纸上的位置和大小，然后才能开始画。不能任意地、毫无计划地在纸上画图，这样常常会使所画的图在纸上的位置不当或过大过小，都会影响注字和说明。一般根据在报告纸上要画几个图来确定位置，如果要画两个图，那么先要在报告纸上方留下一部分空白，以便写本次实验名称，余下部分可一分为二，作为画两个图的地方，一定要在报告纸上方规定位置上写上班级、专业、姓名、学号和日期。

将图纸放在显微镜右方，依观察结果，先用HB型铅笔轻轻勾一个轮廓，确认各部分比例无误后，再把各个部分勾画出来。一般要尽可能地把图画大一些。如果画的是细胞图，为了清楚地表明细胞内部结构，所画细胞不宜过多，只画1～2个即可。如画器官的结构图，也不一定把全部切面（如根或茎的横切面）画出，只画1/8～1/4部分即可。

生物绘图通常采用“积点成线，积线成面”的表现手法，即用线条和圆点来完成全图。绘线条时要求所有线条都均匀、平滑，无深浅、虚实之分，无明显的起落笔痕迹，尽可能一气呵成。圆点要点得圆、点得匀，其疏密程度表示不同部位颜色深浅。

绘细胞结构图时，细胞壁要用线表示，原生质体内的结构（如细胞质、细胞核等）要用不同疏密的小点表示。细胞与其他细胞相连接处画出一些来，以表示所画的细胞不是孤立的。

绘组织结构的细胞图时，不一定把全部的切面（如根或茎的横切面）都画出来，只画其中一部分即可，但要清楚地表明各部分细胞的形状、大小、排列方式，一般细胞的内部结构不必表示。

轮廓图与细胞图一样，也要注意各部分结构的比例、大小，区别是不用画出每一个细胞，只需用一些轮廓线把各部分结构在切片中所占的比例以及不同部分排列的相对位置表示出来即可。

绘植物器官外形图和全株图时，宜先用线条勾绘出外形轮廓，阴暗色深部分再用线条的多少、长短或点的疏密表示。

绘好图之后，用引线和文字注明各部分名称。注字应详细、准确，且所有注字一律用平行引线向右一侧注明，同时要求所有引线右边末端在同一垂直线上。在图的下方注明该图名称，即某种植物、某个器官的某个制片和放大倍数。注意：所有绘图和注字都必须使用 HB 型铅笔，不可以用钢笔、圆珠笔或其他笔。

二、植物学常规制片技术

实验室操作时需要掌握的植物制片技术有徒手切片、临时装片、压片与涂片、永久玻片制作、简单的显微化学测定等实验技术。徒手切片、临时装片已在前面内容中介绍，现在就没有介绍的部分分别加以叙述，有些实验技术在具体的实验中再介绍。

（一）压片与涂抹制片法

1. 压片法

压片法是将植物的幼嫩器官如根尖、茎尖和幼叶等压碎在载玻片上的一种非切片制片法。这种方法比较简便，经染色后可作临时观察标本，也可以经过脱水、透明等方法制成永久制片。在观察植物细胞有丝分裂、植物细胞遗传学等方面的研究中应用极为普遍，特别在染色体数目的检查方面，此法尤为重要。

压片法的实验步骤包括：取材、预处理、固定、解离、染色、压片、镜检和封固等。

（1）取材　用锋利的双面刀片截取生长良好的植物根尖或茎尖，长度为 2～3 mm。

（2）预处理　将材料放入 8-羟基喹啉或对二氯苯等预处理液中进行预处理，使细胞分裂停留在有丝分裂的中期，并使染色体缩短变粗。预处理的时间视不同植物而定。一般洋葱根尖用对二氯苯预处理液处理 4～5 h。

（3）固定　一般采用卡诺氏固定剂进行固定，固定时间通常为 2～24 h，以低温固定效果较好。材料经固定后，如不立即进行压片，可保存在 70%酒精中，置于冰箱内长期保存。

（4）解离　用酶或盐酸处理固定后的材料，使细胞分离，便于压片。一般是将固定后的材料在 50%酒精中浸泡 5 min，再入蒸馏水洗涤 5 min 后，转入浓度为 1 mol/L 的盐酸溶液中，置于 60 ℃恒温水浴锅中解离，解离时间一般 2～8 min，时间太短，细胞不易分离，时间过长，则染色体染色浅或不着色。

（5）染色　常用卡宝品红（即苯酚碱性品红）或醋酸洋红等核染色剂进行染色。

（6）压片　将材料放在干净的载玻片上，盖上盖玻片，用解剖针或铅笔轻轻敲击盖玻片，使细胞分离散开并压平。

（7）镜检　将压片置于显微镜下观察，选取染色体分散、清晰的细胞，用记号笔在载玻片和盖玻片上分别作记号。

（8）封藏　好的压片可在冷冻干燥后，用光学树胶封固保存。

2. 涂布法

涂布法与压片法类似，但材料不必水解离析，适用于花粉和花粉母细胞等疏松组织，可以均匀地涂布在载玻片上，是另一种重要的不用刀切片的制片法，广泛应用于花粉粒的发育、染色体数目的检查和染色体的教学与科研中。其制片方法主要分为以下两个步骤。

(1) 取材与固定 由于新鲜而适用的花药不是任何时候都可以采到，所以必须预先采集花药，经过药液的固定，把它们贮存起来，做实验时就不会受到季节的限制。如需要制作花粉母细胞减数分裂全过程的制片，就必须采集幼嫩的呈绿色的花药较为适宜（浅绿色而透明者太嫩，黄绿色或黄色者则已过时）。由于不同植物的花期不同，具体的采集时间也不一样。至于观察减数分裂的具体的取材时间，因其亦有昼夜的节律性，一般于清晨6～7时和下午4～5时取材，均可以完成实验任务。

一般小型花朵采集后，可将幼嫩小花甚至整个花序固定于卡诺氏固定液中，大型花朵可以只固定雄蕊的花药，经过2～24 h后，逐级换入95%酒精和85%酒精浸洗，再转入70%酒精中保存。注意必须洗净固定液中的醋酸，以免材料受腐蚀。若有条件，可将固定的材料保存在4 ℃的冰箱中，能数年不坏，随用随取，十分方便。

(2) 染色与涂布 取已经固定好的材料转入50%酒精，经蒸馏水清洗后，取出一个花药置清洁的载玻片上，加一小滴改良的苯酚品红染色液，用刀片切去花药的一端，用小镊子夹着花药，将其切面放在载玻片上涂抹；或用刀片在花药中部横断为二，再用解剖针从花药的两端向中部断开处压挤，使花粉母细胞散出，并涂布成一薄层（注意去掉药壁的残渣），再滴一滴45%醋酸使之软化与分色；盖上盖玻片，用橡皮头轻压盖玻片，使花粉母细胞均匀散开即可观察。此法染色效果很好，核和染色体均被染成鲜艳的紫红色，细胞质无色或只有些淡粉色，而且这种染色剂的染色性能牢固，操作简便，与过去使用的醋酸洋红液等染色剂相比，有许多优越的地方，是近年来研究出的一种很有价值的核染色剂。亦可用于根尖、茎尖的压片中，观察细胞的有丝分裂过程。

（二）组织离析制片法

离析制片法是用一些化学药品把植物细胞间的胞间层溶解，使细胞彼此分离，从而得到单个、完整细胞的方法，便于研究不同组织的细胞立体结构。

1. 铬酸-硝酸离析法

适用于木质化组织，如木材、纤维、导管、管胞、石细胞等。把材料切成长1～2 cm，横断面边长2～3 mm的小条或切成火柴棍粗细的长约1 cm的小条（如根茎），切好的材料放进小玻璃瓶中，加入离析液，其量约为材料的20倍，盖紧瓶盖放在30～40 ℃的温箱中保存。离析时间因材料性质而异，一般为1～2 d。如2 d后仍未解离，可换新的离析液，再放置几天。检查材料是否解离，可取出材料少许，放在载玻片上，加盖玻片后，用解剖针末端轻轻敲打，若材料分离，表明离析时间已够。这时移去离析液，用水冲洗干净，保存在50%或70%酒精中备用。

2. 盐酸-草酸铵离析法

适用于草本植物的髓、薄壁组织和叶肉组织等。把材料切成约1 cm×0.5 cm×0.2 cm的小块，放入3∶1的70%或90%酒精和浓盐酸混合液中，若材料中有空气，应先抽气，然后更换一次离析液。24 h后，用水冲洗干净。放入0.5%草酸铵溶液中，每隔1～2 d检查一次。其余同上法。

（三）石蜡制片法

石蜡切片技术是显微技术上最重要最常用的一种方法，优点在于应用范围广，几乎适用于所有的植物材料；能切成极薄而且连续的切片，较清楚地显现细胞、组织的细微结构；切片可以长期保存，便于以后观察比较。因此，这项技术自 18 世纪创建以来，在植物细胞、组织研究史上发挥了重要作用，并且在今后仍将作为一项常规技术而发挥作用。

石蜡切片技术的整个过程较复杂，可大体概括为：取材→固定→脱水→透明→浸蜡→包埋→修块→切片→粘片→染色→制片。

1. 取材

根据观察研究的目的不同，选用合适的材料。

2. 固定

固定是用一定的化学溶液（固定剂）在尽可能保持细胞生活结构的情况下迅速杀死组织的过程。其作用有：①防止组织溶解及腐败；②使细胞内各种成分沉淀保存下来，保持它原有的生活结构；③使细胞内的成分产生不同的折射率，造成光学上的差异，便于观察；④使细胞硬化不容易变形，利于固定以后的处理。所以材料选定后，应迅速进行固定。

固定时应根据材料的性质及制片目的选用固定液，常用的固定剂有 FAA、卡诺氏和纳瓦氏固定液。要根据材料大小，掌握固定液的用量，一般最少为所固定材料总体积的 20 倍。某些含水量大的材料，应多换几次固定液，以保证固定液维持一定的浓度。对所固定材料大小一般要求以不超过 0.5～1 cm^2 为宜，尽量做到小而薄，并且用锋利的刀片截取。材料放入固定液后，最好是四面都接触药液，以保证固定液迅速浸入。因此，若材料太重而紧压瓶底时，可以在材料下面垫上玻璃棉；若材料漂浮在固定液表面，则应进行抽气处理或用其他机械处理办法，直至材料全部浸入固定液。另外，严格掌握固定的时间，要视材料的种类、性质、大小和固定剂的种类而定，可从 1～2 h 到十几小时甚至更长的时间。固定完毕的材料，若不能立即制片，可放到 70%酒精中存放。

3. 脱水

脱水是指用脱水剂逐级除去材料中的水分，是制片中一个十分关键的环节。目的在于：使材料变硬，形状愈加稳定；利于材料的保存和下一步的透明、透蜡等，因为透明剂与水是不能混合的。常用的脱水剂为酒精。所用量为材料体积的 3～5 倍。

脱水的方法应逐步进行，否则会引起材料的强烈收缩而变形。一般把脱水剂配成各种浓度，自低浓度到高浓度循序渐进，逐渐使材料中所含水分被脱水剂所取代。各级酒精的浓度为：30%、50%、70%、85%、95%和 100%。

4. 透明

将纯酒精中的材料用 1/2 纯酒精和 1/2 二甲苯混合液处理 2～3 h，转入纯二甲苯中，每次 1 h，共处理两次。以便把材料中的酒精除净，并使材料块透明。

5. 浸蜡

使石蜡慢慢溶于透明剂中，然后完全取代透明剂进入材料中，将上述已透明好的材料换入新的二甲苯中，然后加入等体积的碎蜡，置于 40 ℃左右的温箱中，随着碎蜡的溶解，不断加入碎蜡使石蜡饱和为止，时间需 1～2 d。

6. 包埋

把透足石蜡的材料包埋在石蜡里成为一定的形状以便切片。浸蜡后，在 60 ℃的温箱中，换两次已溶解的纯蜡，每次约 2 h。包埋之前，先准备好包埋用具，一般需要镊子、酒精灯、火柴、一盆冷水及包埋用的纸盒（纸盒折叠方法如图 19－1 所示），包埋时将融化的石蜡倒入纸盒中，迅速用烧热的镊子把材料放入并按需要的切面和一定的间隔排列整齐，然后平放入冷水中，使其快速凝固。包埋好的材料（石蜡块），可长期存放在 4 ℃冰箱中，备切片用。

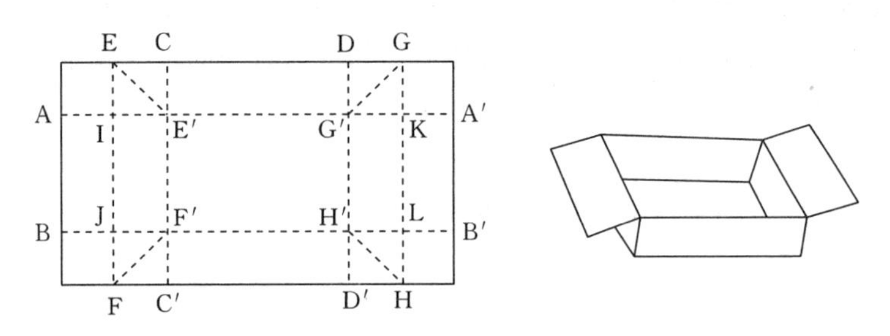

图 19－1　纸盒折叠方法

［①折 AA′及 BB′；②折 CC′及 DD′；③折 CE′与 AE、向外夹出 EE′。同样折出 FF′、GG′及 HH′；④使 CE′E 与 E′IE 两三角形相叠，并沿 E′C 和 EI 重叠的折痕向后转折。同样折其余三只角；⑤折 RIJF 向外，同样折出 GKLH，即折成所需的纸盒］

（引自郑国锠，1978）

7. 修块

将包埋好的材料切割成小块，每个小块包含一个材料。然后按需要的切面将蜡块切成梯形，切面在梯形的上部（注意上部矩形的对边平行）。用烧热的蜡铲将梯形的底部固定在木块上。

8. 切片

把包埋好的材料块用轮转式切片机切成连续的蜡带。切片时，将材料夹在切片机的固定位置上，调整材料切面与切片刀口平行，根据观察的要求调节好所需要的厚度，转动切片机进行切片。切片过程中往往会出现各种问题，需要分析原因，及时纠正。

9. 粘片

即将切好的蜡片粘在载玻片上的过程。首先在预先洗净并干燥的载玻片上涂上一小滴粘贴剂（用量绝不可多），用手指反复涂匀，然后加 1～2 滴 3%福尔马林或蒸馏水，用镊子轻轻将蜡片放在液面上，将此载玻片放在 45 ℃左右的温台上，至蜡片受热慢慢伸直展平为止，用解剖针调整蜡片在载玻片上的位置，吸去多余水分，置入 30 ℃温箱中烘干，时间约需 24 h。若大量切片时，可采用温水捞取法。先将割开的蜡片放入 40 ℃左右水浴锅水浴，蜡片便自然展平，然后用涂有粘贴剂的载玻片捞取，调好位置并进行干燥处理。

10. 染色制片

切片贴好烘干后可进行染色，采用何种染色方法可根据观察目的不同而选择。染色方法很多，下面以植物制片中最常用的番红与固绿对染的方法为例，说明从去蜡、染色至最后封藏的全部制片程序（均在染缸中进行）。

① 脱蜡　取已干燥好的载玻片放入二甲苯中脱蜡，使石蜡完全溶解，约 10 min。

② 过渡　转到 1/2 二甲苯和 1/2 纯酒精的混合液中过渡约 5 min。

③ 水化　脱去蜡的切片依次浸入 100%→95%→85%→70%→50%→30%酒精中各 1～2 min，最后浸入蒸馏水。

④ 番红染色　置 0.5%～1%番红水液中染色 2～24 h。

⑤ 冲洗　用自来水洗去多余的染液，必要时用酸酒分色。

⑥ 脱水　依次用 30%、50%和 70%酒精处理约 30 min。

⑦ 固绿复染　用 0.1%固绿和 95%酒液复染 10～40 s。

⑧ 继续脱水　用 95%酒精和 100%无水酒精两次彻底脱水，每次 30～60 s。

⑨ 透明　用无水酒精和二甲苯各半的混合液处理 5 min，再用纯二甲苯浸 5 min，使材料完全透明。

⑩ 封藏　把切片从二甲苯中取出后，立即取一滴用二甲苯溶解的加拿大树胶或中性合成树胶，滴在材料上，盖上盖玻片（注意不能加过多胶液，尽量避免其产生气泡），然后将载玻片放在 30～35 ℃恒温箱中烘干。

（四）滑走机切片法

滑走机切片法是用滑走切片机进行切片，此法适合切制木材、木质的根茎等较坚硬的材料。滑走机切片法能按需要调节切片厚度，所切切片较完整，厚薄均匀，但不能连续切片。

（五）简单的显微化学测定

显微化学方法是应用化学药剂处理动物、植物的器官、组织或细胞，使其中某些微量的化学物质发生化学变化，从而产生特殊的染色反应，并通过显微镜来鉴定这些物质的性质及其分布状态的方法。其种类和方法很多，下面仅介绍细胞壁的木质素成分和细胞中主要的三种贮藏物质的显微化学方法。

1. 淀粉的鉴定

淀粉是植物体中主要的贮藏物质，它们在不同植物细胞中形成各种不同形状的颗粒，当稀释的碘-碘化钾溶液与淀粉作用时，形成碘化淀粉，呈蓝色的特殊反应。所以用碘液测试淀粉已成为最常用的方法。但需要注意如果碘液过浓，会使碘化淀粉变黑，反而不利淀粉粒轮纹和脐点的观察。

2. 蛋白质（糊粉粒）的鉴定

蛋白质是复杂的胶体，细胞内贮藏的蛋白质没有生命活性，呈比较稳定的状态，有无定型的、结晶状的或成为固定形态的糊粉粒。糊粉粒是植物细胞中贮藏蛋白质的主要形式。测定蛋白质常用的方法也是用碘-碘化钾溶液，但浓度较大效果才好。当碘液与细胞中的蛋白质作用时，呈黄色反应。在显微镜下观察，可见黄色颗粒状的糊粉粒。注意在进行蛋白质鉴定工作之前，须用酒精将材料进行处理，即在植物切片材料上滴加 95%酒精，把材料中的脂肪溶解掉，以保证蛋白质颜色反应的正确性，并能看清糊粉粒的结构。

3. 脂肪和油滴的鉴定

脂肪和油滴也是植物细胞贮藏的主要营养物质之一。脂肪在常温下为固体形态，油滴则成液体状态，均不溶于水。常用的显示脂肪的显微化学方法是苏丹Ⅲ的酒精溶液染色，呈橘红色，但近年已多用苏丹Ⅳ的丙酮溶液代替，其染色效果比前者稍红而明显。但这不是专一的组化反应，苏丹Ⅲ、Ⅳ均能使树胶、挥发油、角质和栓质染色。在鉴定过程中，为了效果明显，可加热以促进其反应。

4. **木质素的测定**

木质素是芳香族的化合物，在细胞壁中一般呈复合状态。用盐酸和间苯三酚先后处理植物材料，是细胞壁木质素成分的鉴定方法。根据颜色反应的深浅能显示细胞壁中木质化的程度。

鉴定时，一般要取新鲜植物材料的切片，先加40%盐酸1～2滴，3～5 min后，待材料被盐酸浸透，再加5%间苯三酚酒精溶液，当间苯三酚与细胞壁中的木质素相遇时，即发生樱红色或紫红色的反应。导管、管胞、纤维和石细胞等细胞壁中木质素成分丰富，因此它们的颜色反应十分典型。加盐酸的作用是由于间苯三酚需在酸性环境中才能发生上述反应。间苯三酚为白色粉末，易氧化变性，若已呈灰褐色或溶液已发黄，往往无效。

三、显微测微尺的使用和常用的技术参数

（一）显微测微尺的使用

为了测量被观察物体的长度，可用测微尺进行测量，并计算其长度。常用的测微尺有镜台测微尺和目镜测微尺两种，两种测微尺必须配合使用。

1. **镜台测微尺**

镜台测微尺是一种特制的载玻片，在中央有一个有刻度的标尺，为直线式标尺，全长为1 mm，分为10大格100小格，每小格长度为0.01 mm，即为10 μm（图19-2）。

2. **目镜测微尺**

目镜测微尺为一块圆形的薄玻璃片，直径为20～21 mm，正好能放入目镜的镜筒内，其上面刻有不同形式的标尺。这种放在目镜内的测微尺有直线式和网格式两种，直线式又分“十”字形和“一”字形两种（图19-3）。直线式测微尺总长10 mm，分为10大格100小格。网格式测微尺常用来测量面积或计数。

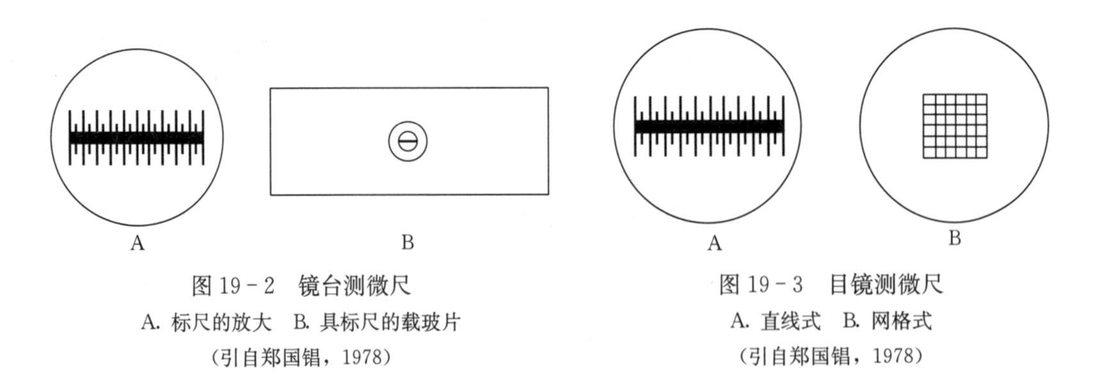

图19-2　镜台测微尺
A. 标尺的放大　B. 具标尺的载玻片
（引自郑国锠，1978）

图19-3　目镜测微尺
A. 直线式　B. 网格式
（引自郑国锠，1978）

3. **安装与校尺**

先将目镜测微尺从盒中取出擦净，再将目镜取下，并将目镜盖旋下，轻轻将圆玻璃标尺放入目镜镜筒中部的铁环上，盖上镜盖后插入显微镜镜筒，观察标尺是否水平或垂直，可以旋转目镜调整。

目镜测微尺装好后不能立即使用，因为它的长度标准会因物镜的倍数改变而改变，必须

在某一物镜下用镜台测微尺来校尺。当更换另一个物镜时，必须再次校尺。使用时最好先将 4×、10×、40×物镜分别校尺，并做好记录。具体测量时要细心，看清物镜的倍率。

校尺时，在某一物镜下将镜台测微尺放在载物台上，调整后在目镜的视野中要能见到两标尺平行排放。若不平行，则要慢慢旋转目镜，使之平行。观察两种标尺的大格刻度，发现两种标尺的大格子有两处完全重合对齐时，记录下两者各自的小格子数（图 19－4）。

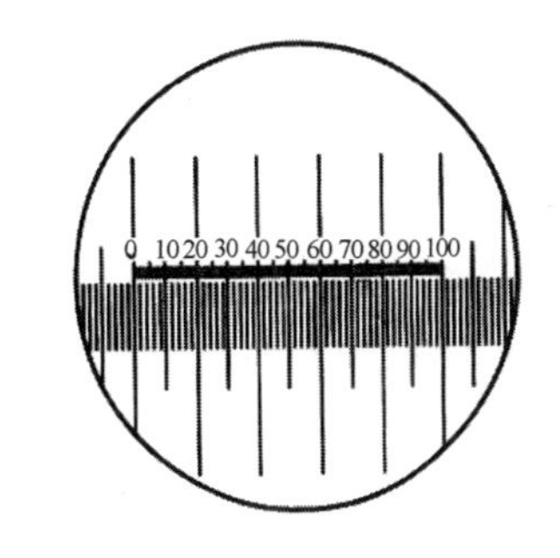

图 19－4　测定目镜测微尺每格的实际长度
（上方的标尺为目镜测微尺，下方为镜台测微尺，目镜测微尺的 100 格与镜台测微尺的 50 格重合）
（引自贺学礼，2004）

然后根据下面的关系式计算目镜测微尺的小格的格值为多少，并记录物镜的倍率。

$$\text{目镜测微尺的格值}\ (\mu\text{m}) = \frac{\text{两重合线间镜台测微尺的小格数} \times 10\ \mu\text{m}}{\text{两重合线间目镜测微尺的小格数}}$$

例如，目镜测微尺的 100 等于镜台测微尺 50 格，那么在当前的放大倍数下目镜测微尺每小格的长度 5 μm。

4. 测微尺的使用

当校尺完毕，记录下数据，并计算好目镜测微尺在不同物镜组合下的长度后，取下并收起镜台测微尺，然后就可以使用目镜测微尺进行测量了。把装有花粉、孢子、孢子囊或单细胞的玻片放入载物台，观察各物体在目镜测微尺下的长度，不要忘了乘以每小格的格值。

（二）显微镜常用的技术参数

1. 总放大倍率

显微镜的总放大倍率等于单个物镜的放大倍率与目镜的放大倍率的乘积。

2. 数值孔径（NA）

数值孔径是指物镜前透镜与被检物体之间介质折光率（η）和孔径角（μ）半数正弦的乘积，用公式表示为：$NA=\eta \cdot \sin(\mu/2)$，或称为镜口率。它是物镜和聚光镜的主要技术参数，是判断物镜性能高低的重要指标，标刻在物镜表面。

3. 分辨率

分辨率是指显微镜成像过程中光点能够呈现差异的最小距离（d），也称分辨力、解像力。它是衡量显微镜性能的一个重要技术参数，对于一个光学系统，它所能分辨的两点之间的距离越小，分辨率就越高。分辨率与数值孔径的关系为：

$$\text{分辨率}\ (d) = \lambda/2NA$$

式中，d 为最小分辨距离；λ 为光线的波长；NA 为物镜的数值孔径。

4. 工作距离（W. D.）

工作距离指当一个标本图像被清晰聚焦时，从物镜的前端到盖玻片上表面的距离。通常物镜的放大倍率越高，其工作距离越短。

5. 焦深

焦深是焦点浓度的简称，是指显微镜光路中焦点对准某一样本时，不仅位于该点平面上的各点都可以看清楚，而且在此平面上下一定厚度区间内的各点（影像）也能看得清楚，这个清楚区间的厚度就是焦深。焦深越大，能清晰地看到的样本的层数就越多；而焦深变小，则看到被检样本的层数变小。

6. **视场数**

视场数指透过目镜可观察到的视场的直径，单位为毫米（mm）。例如，如果在目镜的顶端标明 10×18，则表示目镜的放大倍率为 10×，视场数为 18 mm。

7. **物方视场**

物方视场指标本在显微镜下实际能被观察到的圆形区域的直径。它可由下述公式表示：

$$物方视场=\frac{视场数}{物镜的放大倍率}$$

四、液浸标本制作方法

用化学药剂制成的保存液将植物浸泡起来制成的标本称为植物的液浸标本或浸制标本。植物整体和根、茎、叶、花、果实各部分器官均可以制成浸制标本。尤其是植物的花、果实和幼嫩、微小、多肉的植物，经压干后，容易变色、变形，不易观察。制成浸制标本后，可保持原有的形态，这对教学和科研工作具有重要的意义。

植物的浸制标本，由于要求不同，处理方法也不同，一般常见有以下几种：整体液浸标本，将整个植物按原来的形态浸泡在保存液中；解剖液浸标本，将植物的某一器官加以解剖，以显露出主要观察的部位，并浸泡在保存液中；系统发育浸制标本，将植物系统发育如生活史各环节的材料放在一起浸泡在保存液中；比较浸制标本，将植物相同器官但不同类型的材料一起放在浸泡保存液中。

在制作植物的浸制标本时，要选择发育正常，具有代表性的新鲜标本，采集后，先在清水中除去污泥，经过整形，放入保存液中，如标本浮在液面，可用玻璃棒暂时固定，使其下沉，待细胞吸水后，即自然下沉。

1. **标本的采集与整理**

采集具有代表性无病虫害的标本，要求标本必须具有花、果实、种子。认真填写好野外采集记录，将标本放在采集箱或采集袋中带回实验室备用。

将标本整理好后，用自来水冲洗干净，把一些残枝或多余的枝、叶、花、果实等剪去待用。取 1 个大小与标本相符合的标本瓶，用毛刷将标本瓶清洗干净备用。

2. **浸制标本保存液的配制**

（1）普通浸制标本保存液的配制 普通浸制标本通常有 3 种保存液，其优点是配制方法简单，易掌握，可使标本保存时间较长，主要用于浸泡教学用的实验材料，如用于解剖观察用的花序、花及果实等实验材料可任选一种保存液保存，不足的是易使标本褪色。常用的保存液配方如下。

① 酒精液 95%酒精 100 mL＋甘油 5～10 mL＋蒸馏水 195 mL，混合后使用，此保存液效果较好，但价格较贵，亦会使标本褪色。

② 甲醛液 5～10 mL 甲醛（福尔马林）＋蒸馏水 100 mL，它的特点是价钱较便宜，能使标本保存时间较长，但保存液本身易变成褐色，标本亦易褪色。

③ 甲醛、醋酸、酒精混合液（简称 FAA） 50%～70%酒精 90 mL＋冰醋酸 5 mL＋福

尔马林 5 mL，按此比例混合使用，它能使标本保存时间较长而不腐烂发霉，但标本易脱色。

（2）原色浸制标本保存液的配制　原色浸制标本主要用于科学研究和教学上示范之用，其方法较为复杂，下面介绍如下。

绿色浸制标本的基本原理是用铜离子置换叶绿素中的镁离子，它的做法是利用酸的作用把叶绿素分子中的镁分离出来，使它成为没有镁的叶绿素——植物黑素。然后使另一种金属（醋酸铜中的铜）进入植物黑素中，使叶绿素分子中心核的结构恢复有机金属化合状态，根据这种原理，我们可以用下述几种方法制作。

① 绿色植物标本原色保存的药液配制　将醋酸铜粉末 200 g 放入 1 000 mL 5%的冰醋酸中，直到结晶不再溶化为止，此为母液。然后取饱和母液和蒸馏水以 1∶4 的比例混合稀释，加热至 80 ℃时，将绿色植物标本放入。由于醋酸的作用，可见标本由绿变褐，继续加热 10～20 min，标本又由褐变绿，然后取出标本，用清水洗净，保存在 5%福尔马林（甲醛）液或 70%酒精液中，此法制成的标本能长期保持绿色，且能保存较长时间。

对于比较薄嫩的植物标本，不用加热，放在 50%酒精 90 mL＋甲醛 5 mL＋甘油 2.5 mL＋冰醋酸 2.5 mL＋氯化铜 10 g 的保存液中浸泡即可。

对于有些植物表面附有蜡质，不易浸泡，可放在硫酸铜饱和水溶液 750 mL＋甲醛 50 mL＋蒸馏水 250 mL 的保存液中效果较好。将标本在上述溶液保存液中浸泡 2 周，然后放入 4%～5%甲醛溶液中保存。

② 绿色果实原色保存的药液配制　需配制两种保存液。

甲液的配方是：硫酸铜 85 g、亚硫酸 28.4 mL、蒸馏水 2 485 mL。将果实用清水洗净后，浸没于甲液中，经 20 d 后取出放入乙液中。

乙液的配方是：亚硫酸 284 mL、蒸馏水 3 785 mL。（果实放入乙液约半年后，该保存需更换一次。）

此种绿色果实原色保存的方法亦较简便，且不需加热，特别对一些不适宜加热或果表面有蜡质而不易浸制及着色的标本，效果较好。

③ 果实原色保存的药液配制　硼酸粉 450 g、蒸馏水 400 mL、75%～90%酒精2 800 mL、福尔马林 300 mL 混合，并过滤使用。此液保存苹果、番茄等果实标本，效果较好。若保存粉红色果实标本则福尔马林液应减半。

④ 紫色果实原色保存的药液配制　饱和精盐水 1 000 mL、福尔马林 500 mL、蒸馏水 8 700 mL 混合并过滤后使用。此液适于保存紫色的葡萄、茄子等的果实。

⑤ 黄色果实原色保存的药液配制　亚硫酸 568 mL、80%～90%酒精 568 mL、蒸馏水 4 500 mL 混合即可。此液适于保存柠檬、梨、橙等。若浸制黄绿色的果实标本在每 1 000 mL 混合液中加 2～3 g 硫酸铜，则效果更佳。

⑥ 黑色果实原色保存的药液配制　福尔马林 45 mL、95%酒精 280 mL、蒸馏水 2 000 mL 混合后，静置使其沉淀，取澄清液即可使用。

⑦ 无色透明浸制标本　将标本放入 95%酒精之中，在强烈的日光下漂白，并不断更换酒精，直至植物体透明坚硬为止。

（3）标本的浸制　根据标本的色素、质地及保色的原理，选择保存方法。配制药品时应注意固体药品先用少量的蒸馏水溶解后，再加入其他药品。

药品配制完后倒入标本瓶中，再将标本放入瓶中，或固定在玻璃片（或棒）上，浸制液应高出标本 5～10 mL。如果标本浮出液面，可用较重的器具压在标本上使它沉入药液中，最后盖好标本瓶盖。

（4）封瓶口、贴标签 插上电炉插头，在电炉上放上石蜡锅，待石蜡溶解后用毛笔蘸取石蜡沿着瓶盖边缘，将石蜡浸入瓶口与瓶盖之间的空隙中。最后要在制作好的标本瓶外贴上标签，写明该种植物的科名、学名、采集人、采集号、采集地点和时间。在标签上也要涂上石蜡，以防时间久后标签脱落。浸制标本做好后，应放在阴凉不受日光照射处妥善保存。

五、鲜花的原色干燥保存

由于花青素易发生变化使其颜色改变，花朵的保色较为困难。

（一）硅胶干燥保色法

1. 非立体鲜花保色法

将硅胶粉碎成粉末状（或半截米粒状），均匀地撒在涂有乳白胶的标本纸（30 cm×20 cm 的瓦楞纸板）上，去掉多余硅胶，放入烘箱内烘干备用（温度 40 ℃左右）（硅胶变色即可）。

制作时，将采好的花朵（不同种类的花朵做好标记）摆在涂有硅胶的标本纸上，其上放 1 张吸水纸，再放 1 张涂有硅胶的瓦楞纸。用木板压在其上或用绳子捆紧，放入烘箱内烘烤，半天或 1 d 即成。该瓦楞纸可反复使用。

2. 立体鲜花保色法

制作时，将烘干的硅胶放 1 层在硬纸盒盒底（约为纸盒的 1/3），纸盒根据花朵的大小而定。再将新鲜花朵摆在其内，并慢慢撒上硅胶，将花朵覆盖为止。将其放入烘箱（40 ℃）烘干即成。

（二）锯末埋藏保色法

制作前，将锯末去掉杂质和粗锯末，烘干备用。将所做标本的花朵按“立体鲜花保色法”的方法制作，效果也佳。

在条件许可的情况下，用石灰也可。方法同上。

六、常见试剂的配制

（一）常用清洁剂

将乙醚和乙醇按 7∶3 混合，装入滴瓶备用。用于擦拭显微镜镜头上油迹和污垢等（注意瓶口必须塞紧，以免挥发）。

（二）常用固定液

1. FAA 固定液

又称万能固定液。适用于一般根、茎、叶、花药及子房等组织切片。其最大优点是兼有保存剂作用，但对染色体观察效果较差。可用于固定植物的一般组织，但不适用于单细胞及丝状藻类。幼嫩材料用 50%酒精代替 70%酒精，可防止材料收缩。

配方：福尔马林（38%甲醛）5 mL＋冰醋酸 5 mL＋70%酒精 90 mL。

2. 福尔马林－丙酸－酒精固定液（FPA）

福尔马林 5 mL＋丙酸 5 mL＋70％酒精 90 mL，用于固定一般的植物材料，通常固定 24 h，效果比 FAA 好，并可长期保存。

3. 卡诺氏固定液

常用于观察染色体的根尖、花药压片及子房组织的石蜡切片等。此液渗透力很强，一般根尖材料固定 15～20 min 即可，花药则需 1 h 左右。此液固定最多不超过 24 h，固定后用无水酒精冲洗 2～3 次，如果材料不马上用，需转入 70％酒精中保存。

配方一：无水酒精 3 份＋冰醋酸 1 份。

配方二：无水酒精 6 份＋冰醋酸 1 份＋氯仿 3 份。

4. 甘油－酒精软化剂

甘油 1 份＋50％或 70％酒精 1 份，适用于木材的软化，将木质化根、茎等材料排除空气后浸入软化液中，时间至少一周或更长一些，也可将材料保存于其中备用。

5. 铬酸－乙酸固定液

根据固定对象的不同，可分强、中、弱 3 种不同的配方：

弱液配方：10％铬酸 2.5 mL＋10％乙酸 5.0 mL＋蒸馏水 92.5 mL。

中液配方：10％铬酸 7 mL＋10％乙酸 10 mL＋蒸馏水 83 mL。

强液配方：10％铬酸 10 mL＋10％乙酸 30 mL＋蒸馏水 60 mL。

弱液用于固定较柔嫩的材料，如藻类、真菌类、苔藓植物和蕨类的原叶体等，固定时间较短，一般为数小时，最长可固定 12～24 h，但藻类和蕨类的原叶体可缩短至几分钟到 1 h。

中液用作固定根尖、茎尖、小的子房和胚珠等，固定时间 12～24 h 或更长。

强液适用于木质的根、茎和坚韧的叶子、成熟的子房等。为了易于渗透，可在中液和强液中另加入 2％的麦芽糖或尿素。固定时间 12～24 h 或更长。

（三）离析液

可使细胞胞间层溶解，细胞彼此分离，获得单个完整细胞，以便观察不同组织、细胞的形态特征。

1. 铬酸－硝酸离析液

铬酸为三氧化铬的水溶液。

配方：10％铬酸液与 10％硝酸液等量混合即可。

适用于木质化组织，如导管、管胞、纤维、石细胞等，亦可用于草质根、茎成熟组织的解离。

2. 盐酸－酒精固定离析液

将浓盐酸、95％酒精等量混合备用，一般用于离析根尖细胞。

3. 盐酸－草酸铵离析液

配方：甲液，70％或 90％酒精 3 份、浓盐酸 1 份；乙液，0.5％草酸铵水溶液。

适用于草本植物的髓、薄壁组织和叶肉组织等，使用方法见离析法。

（四）常用染色液

1. 番红（safranin）染色液

碱性染料，染木化、角化、栓化细胞壁及染色体、核仁等。配制方法如下。

（1）番红水溶液 番红 1 g+蒸馏水 100 mL。用于临时制片染色，可使木质化、栓质化的细胞壁及细胞核染成红色。

（2）番红酒精溶液 番红 0.5 g 或 1 g+50%酒精 100 mL。配后摇匀，用前须过滤。

在植物永久制片中常与固绿、亮绿、苯胺蓝做二重染色，或与结晶紫、橘红 G 三重染色，可使木质化、角质化、栓质化的细胞壁及细胞核等呈现不同程度的红色，效果甚好。在植物组织制片中常与固绿配合进行对染，是最常用的染色剂之一。

2. 固绿（fast green）**染色液**

又名快绿。酸性染料，使纤维素细胞壁和细胞质呈蓝绿色，在植物组织制片中常与番红配合进行对染，是最常用的染色剂之一。染色快，通常 10～30 s 即可，不易褪色。配制方法如下。

（1）固绿酒精溶液 固绿 0.5 g+95%酒精 100 mL。

（2）苯胺固绿染色液 固绿 1 g+95%酒 40 mL+苯胺 10 mL。配后摇匀，用前须过滤。

番红-固绿对染效果：根、茎、叶等组织切片染色后，番红使细胞核、木质化细胞壁呈鲜红色，角质化细胞壁呈透明粉红色，木栓化壁呈褐红色；固绿使细胞质和具纤维素的细胞壁呈蓝绿色。

3. 碘-碘化钾（I_2－KI）**染色液**

测定淀粉、蛋白质的试剂。

配方：碘化钾 2 g、结晶碘 1 g、蒸馏水 300 mL。

配制方法：将 2 g 碘化钾放入 5 mL 蒸馏水中加热使其完全溶解，然后加入 1 g 碘，完全溶解后用蒸馏水稀释至 300 mL，放入棕色玻璃瓶中（见光会产生氢碘酸），置于暗处保存。用时可将其稀释 2～10 倍，这样染色不致过深，效果更佳。

该染色液能将蛋白质染成黄色。若用于淀粉的鉴定，还需稀释 3～5 倍。如果用于观察淀粉粒上的轮纹，需稀释 100 倍以上，观察结果更清晰。

4. 苏丹Ⅲ染色液

测定脂肪及细胞壁角化、栓化的试剂。

配方：苏丹Ⅲ 0.1 g、70%乙醇 20 mL。

配制方法：①取 0.1 g 苏丹Ⅲ，溶解于 20 mL 95%酒精中即可。②先将 0.1 g 苏丹Ⅲ溶解在 50 mL 丙酮中，再加入 70%酒精 50 mL，即可使用。染色时脂肪、角化、栓化的细胞壁被染成橘黄色。

5. 间苯三酚（phloroglucin）**染色液**

用于测定木质素的试剂。

配方：间苯三酚 5 g、95%酒精 100 mL。

配制方法：取 5 g 间苯三酚溶解于 100 mL 95%酒精中（注意溶液呈黄褐色即失败）。染色时先加一滴盐酸，再加一滴间苯三酚。木化细胞壁被染成红色。

6. 中性红（neutral red）**染色液**

用于染细胞中的液泡，可鉴定细胞的死活。

配方：中性红 0.1 g、蒸馏水 100 mL。

配制方法：中性红 0.1 g 溶于 100 mL 蒸馏水中，使用时再稀释 10 倍左右。染色后用偏酸性洗液（如蒸馏水）冲洗，则活细胞中细胞质呈红色，液泡处色浅而透明；而死细胞则全部呈不均匀红色。

7. 卡宝品红（carbol fuchsin）染色液（即苯酚碱性品红染色液）

可做活体染色，是压片法观察染色体与细胞核的最佳染色剂。

配方：A 液（长期保存），3 g 碱性品红溶于 100 mL 70%酒精中；B 液（两周可用），取 A 液 10 mL 加入到 90 mL 5%苯酚水溶液中；C 液，取 B 液 55 mL，加入 6 mL 冰醋酸和 6 mL 甲醛。

配制方法：取 C 液 10～20 mL，加入 45%醋酸 90～98 mL，再加山梨醇 1.8 g，放置两周后使用，效果更好，室温可长期保存。

适用于植物组织压片法和涂片法，染色后观察细胞核及染色体呈现由红至紫红色，细胞质不着色，效果极佳。

8. 醋酸洋红（acetic carmine）染色液

配方：洋红 1 g、45%醋酸 100 mL。

配制方法：先将 100 mL 45%醋酸放在烧杯中煮沸，然后慢慢分多次加入 1 g 洋红粉末，待全部投入后，再煮 1～2 min，并悬入一生锈的铁钉于染色液中，过 1 min 后取出，静置 12 h 后过滤于棕色瓶中备用。

本染色液适用于压片法制片的染色，能使染色体染成深红色，细胞质呈浅红色。

9. 苏木精（hematoxylin）染色液

天然染料，提取自苏木的心材。经其染色，因细胞中结构的不同而呈现不同深浅颜色——“多色性”，但由于苏木精与组织亲和力差，染色时需加金属盐媒染（如铁矾）。苏木精是植物组织制片中应用最广的染料，它不仅是很强的核染料，而且染色时可以分化出不同的颜色。它的配方很多，最常用的配方有以下两种。

（1）代氏苏木精

配方：甲液，苏木精 1 g+95%酒精 10 mL；乙液，铁明矾（硫酸铝铵）10 g+蒸馏水 100 mL；丙液，甘油 25 mL+甲醇 25 mL。

配制方法：分别配制甲、乙液，充分溶解后，将甲液滴入乙液中，并不断摇动，放入广口瓶，瓶口用纱布扎住，置于光线充足的地方 1 周以上，再加丙液，混合均匀，瓶口仍用纱布封住，继续充分氧化，直到颜色变成深紫黑色为止。过滤，再密封瓶口，两个月后即可使用。染色力强，可保存多年不变质。如果急用可加少量过氧化氢促其氧化。使用时根据需要可稀释 1～3 倍。

（2）铁矾苏木精

配方：甲液，铁明矾（硫酸铁铵）4 g+蒸馏水 100 mL+冰醋酸 1 mL+硫酸 0.12 mL。甲液是媒染剂，必须用时现配，保持新鲜；乙液，苏木精 0.5 g+蒸馏水 100 mL。

乙液有两种配制方法，配制程序如下：先将苏木精 0.5 g 溶于少量 95%酒精中，待溶解后，再加入蒸馏水 100 mL，瓶口用纱布包扎静置，使其慢慢氧化，约一个月后过滤备用。如急用，可加入 3～5 mL 过氧化氢，促其氧化成熟。然后取苏木精 2 g 溶解于 20 mL 95%酒精中，过滤作为长期保存的原液。使用时，用蒸馏水稀释，即取原液 5 mL 加入蒸馏水 95 mL，即成 0.5%苏木精水溶液。可进行细胞学、胚胎学染色，使细胞分裂时期的染色体呈深蓝色，细胞质呈浅蓝色，细胞壁介于二者之间，色泽保持长久。

10. **曙红染色液**

取曙红 0.25 g 溶于 100 mL 95%酒精中。常与苏木精对染，能使细胞质染成浅红色，起衬染作用。

11. **中性红染色液**

取中性红 0.1 g 溶于 100 mL 蒸馏水中，用时再稀释 10 倍左右，用于染细胞中的液泡，可鉴定细胞的死活。

12. **钌红染色液**

取 5～10 mg 钌红溶于 25～50 mL 蒸馏水中即可。因配后不易保存，应现用现配。钌红是细胞胞间层的专性染料。

13. **亚甲基蓝染液**

取 0.1 g 亚甲基蓝，溶于 100 mL 蒸馏水中即成，常用于细菌等的染色。

（五）其他常用药品的配制

1. **各级酒精的配制**

由于无水酒精价格较高，故常用 95%酒精配制。配制方法很简便，用 95%酒精加上一定量的蒸馏水即可。可按下列公式推算。

[原酒精浓度值（95%）－最终酒精浓度值]×100＝所需加水量

最终酒精浓度	95%酒精用量	蒸馏水量
85%	85 mL	10 mL
70%	70 mL	25 mL
50%	50 mL	45 mL
30%	30 mL	65 mL

2. **洗液的配制**（专用于清洁玻璃器皿）

取重铬酸钾（工业用）8～10 g 溶于 100 mL 清水中，加热使其溶解，待冷却后，再加入浓硫酸（工业用）100 mL（注意要分 4～5 次缓慢加入，以免发生高热、爆裂玻璃容器）。当洗液变成墨绿色时，说明其已氧化变质，应该废弃。洗液的腐蚀性极强，当心沾染衣服、桌面和皮肤。

3. **粘贴剂**（明胶粘贴剂）

配方：甲液，蒸馏水 100 mL、明胶 1 g、甘油 15 mL、苯酚 2 g；乙液，甲醛 4 mL、蒸馏水 100 mL。

甲液配法：先在 36 ℃温箱内将蒸馏水 100 mL 加热，慢慢加入明胶，待全部溶解后再加入 2 g 苯酚和 15 mL 甘油，搅拌至全溶为止，过滤后贮存于瓶中备用。

4. **封固剂**

（1）加拿大树胶 其是石蜡切片常用的封固剂。将树胶溶入二甲苯或正丁醇即可配成。切记不能混入水分和酒精，也不能加热。浓度要适当，配制浓度以在玻璃棒一端形成小滴滴下而不呈线状为宜。该树胶是玻片标本好的封固剂，也可用人工合成的中性树胶代替。

（2）乳酸甘油 适用于整体封藏，如藻、花粉粒、表皮撕片等其他小材料的封藏。

配方：酚 1 份、乳酸 1 份、甘油 1 份或 2 份、蒸馏水 1 份。

5. **预处理液**

用于根尖或茎尖压片的前处理，能使细胞分裂停留在有丝分裂的中期，并使染色体缩短变粗。

(1) 对二氯苯饱和水溶液 将对二氯苯加入蒸馏水中搅拌至不再溶解为止，即成饱和水溶液。

(2) 0.002 mol/L 8-羟基喹啉水溶液 称取 0.29 g 8-羟基喹啉溶于 1 000 mL 蒸馏水中。

附　录

附录一　种子植物常见科的识别特征

1. 苏铁科：常绿木本，茎通常无分支；叶二形，鳞叶小，被褐色毛，营养叶大，羽状深裂，集生于茎顶，幼时拳卷。

2. 银杏科：落叶乔木；叶片扇形，二叉状脉序。

3. 松科：木本；叶针形或钻形，螺旋状排列，单生或簇生；球果的种鳞与苞鳞半合生或合生。

4. 杉科：乔木；叶披针形或钻形，叶、种鳞均为交互对生或轮生；球果的种鳞与苞鳞合生。

5. 罗汉松科：常绿木本；叶线形、披针形或阔长圆形、针形或鳞片状，互生，稀对生；种子核果状或坚果状，为肉质假种皮所包围，着生于种托上。

6. 柏科：木本；叶鳞形或刺形，叶、种鳞均为交互对生或轮生；球果的种鳞与苞鳞合生。

7. 三尖杉科：常绿木本；叶针形或线形，互生或对生，常2列；种子核果状或坚果状，为由珠托发育成的肉质假种皮所全包或半包。

8. 木兰科：木本；花大，两性，萼瓣不分；雌雄多数，螺旋状排列于柱头的花托上；蓇葖果，稀翅果；种子有丰富的胚乳。

9. 八角科：常绿木本；单叶互生，无托叶揉碎后具香气；心皮离生，轮状排列；蓇葖果。

10. 五味子科：藤本；单叶互生，无托叶；花单性；聚合果呈球状或散布于极延长的花托上；种子藏于肉质的果肉内。

11. 樟科：木本；单叶互生，揉碎后具芳香；花药瓣裂，第三轮雄蕊花药外向；核果。

12. 番荔枝科：木本；单叶互生；雄蕊多数，螺旋排列；成熟心皮离生或合生成一肉质的聚合浆果；种子通常有假种皮。

13. 毛茛科：草本；裂叶或复叶；花两性，各部离生，萼片花瓣状，雄、雌蕊多数，离生；聚合瘦果。

14. 睡莲科：水生草本；有根状茎；叶盾形或心形；花大，单生；果实埋于海绵质的花托内或果为浆果状。

15. 小檗科：花单生或排成总状花序，花瓣常变为蜜腺，雄蕊与花瓣同数且与其对生，花药活板状开裂；浆果或蒴果。

16. 防己科：藤本；单叶互生，常为掌状叶脉；花单性异株，心皮离生；核果。

17. 木通科：藤本；常掌状复叶互生；花单性，单生或总状花序，花各部3基数，花药外向纵裂；肉质的蓇葖果或浆果。

18. 马兜铃科：草本或藤本；叶常心形；花两性，常有腐肉气，花被通常单层、合生、管状弯曲，三裂，子房下位或半下位；蒴果。

19. 胡椒科：叶常有辛辣味，离基3出脉；花小，裸花；浆果状核果排成重穗状。

20. 罂粟科：植物体有白色或黄色汁液；无托叶；萼早落，雄蕊多数，离生，侧膜胎座；蒴果，瓣裂或顶孔开裂。

21. 十字花科：草本；总状花序，十字形花冠，四强雄蕊；角果。

22. 堇菜科：单叶，有托叶；萼片5，常宿存，花瓣5，下面一枚常扩大基部囊状或有距，侧膜胎座；

蒴果或浆果。

23. 远志科：单叶，有托叶；萼片5，其中两片常为花瓣状，花瓣不等大下面一瓣为龙骨状，花丝合生成一鞘，蒴果。

24. 景天科：草本；叶肉质；花整齐，两性，5基数，各部离生，雄蕊为花瓣同数或两倍，蓇葖果。

25. 虎耳草科：草本；叶常互生，无托叶；雄蕊着生在花瓣上，子房与萼状花托分离或合生；蒴果。

26. 石竹科：草本，节膨大；单叶对生；萼宿存，石竹形花冠；蒴果。

27. 马齿苋科：肉质草本；叶全缘；萼片通常2，花瓣常早萎，基生中央胎座；蒴果，盖裂或瓣裂。

28. 蓼科：草本，节膨大；单叶互生，全缘，托叶通常膜质，鞘状包茎或叶状贯茎；瘦果或小坚果三棱形或凸镜形，包于宿存的花萼中。

29. 藜科：草本；花小，单被，草质或肉质，雄蕊对花被；胞果。

30. 苋科：多草本；花小，单被，常干膜质，雄蕊对花被片；常为盖裂的胞果。

31. 牻牛儿苗科：草本；有托叶；萼片4～5，背面一片有时有距；果干燥，成熟时果瓣由基部向上翻起，但为花柱所连接。

32. 酢浆草科：草本；指状复叶或羽状复叶；萼5裂，花瓣5，雄蕊10，子房基部合生，花柱5，中轴胎座；蒴果或肉质浆果。

33. 凤仙花科：肉质草本；花有颜色，最下的一枚萼片延伸成一管状的距；肉质蒴果，弹裂。

34. 千屈菜科：叶对生，全缘，无托叶；花瓣在花蕾中常褶皱，花丝不等长，在花蕾中常内折，着生于萼管上；蒴果。

35. 柳叶菜科：草本；花托延伸于子房上呈萼管状，子房下位；多为蒴果。

36. 胡桃科：落叶乔木；羽状复叶；单性花，子房下位；坚果核果状或具翅。

37. 瑞香科：多木本，树皮柔韧；单叶全缘；花萼花瓣状，合生，花瓣鳞片状或缺，雄蕊萼生，花药分离；浆果、核果或坚果。

38. 杨柳科：木本；单叶互生，有托叶；花单性异株，柔荑花序，每一花生于苞片腋内，子房一室；蒴果2～4瓣裂。

39. 桦木科：落叶乔木；单叶互生；单性同株，雄花序为柔荑花序，每一苞片内有雄花3～6朵，雌花为圆锥形球果状的穗状花序，2～3朵生于每一苞片腋内；坚果，有翅或无翅。

40. 壳斗科：木本；单叶互生，托叶早落，羽状脉直达叶缘；子房下位；坚果，包于壳斗（木质化的总苞）内。

41. 榆科：木本；单叶互生，常二列，有托叶；单被花，雄蕊着生于花被的基底，常与花被裂片对生，花柱2条裂；果为一翅果、坚果或核果。

42. 桑科：木本，常有乳汁；单叶互生；花小，单性，单被，四基数；聚花果。

43. 荨麻科：草本；茎皮纤维发达；叶内有钟乳体；花单性，单被，聚伞花序；核果或瘦果。

44. 桑寄生科：半寄生性植物；由变态的吸根伸入寄主植物的枝丫中；具正常叶或退化为鳞片状；双被花大而颜色鲜艳，杯状花托，子房下位；浆果或核果。

45. 金缕梅科：木本，具星状毛；单叶互生；萼筒与子房壁结合，子房下位，由2心皮基部合生组成，2室；蒴果木质，顶部开裂。

46. 悬铃木科：落叶乔木；侧芽藏在叶柄基部内；单叶互生，常掌状脉或掌状分裂，花单性同株，球型头状花序；聚合果呈球形。

47. 蔷薇科：叶互生，常有托叶；花两性，周位花；核果、聚合瘦果、骨突果、梨果等果实。

48. 含羞草科：木本或草本；羽状复叶；花辐射对称雄蕊常多数；荚果。

49. 苏木科：木本；花两侧对称，花瓣上升覆瓦状排列，雄蕊10或较少；离生；荚果。

50. 蝶形花科：有托叶；花两侧对称，蝶形花冠，花瓣下降成覆瓦状排列，常两体雄蕊；荚果。

51. 芸香科：有油腺，含芳香油，叶上具透明小点，多复叶；下位花盘，外轮雄蕊常与花瓣对生；柑果等果实。

52. 无患子科：常羽状复叶；花杂性，花瓣内侧基部常有毛或鳞片，花盘发达，位于雄蕊的外方，3心皮子房；种子常具假种皮。

53. 槭树科：乔木或灌木；叶对生，常掌状分裂；翅果。

54. 漆树科：乔木或灌木；单叶或羽状复叶；花小，辐射对称，雄蕊内有花盘，子房常1室；核果。

55. 冬青科：常绿木本；单叶常互生；花单性异株，排成腋生的聚伞花序或簇生花序，无花盘；浆果状核果。

56. 卫矛科：乔木或灌木，常攀缘状；单叶对生或互生；花小，淡绿色，聚伞花序，子房常为花盘所绕或多少陷入其中，雄蕊位于花盘之上、边缘或下方；种子常有肉质假种皮。

57. 大戟科：植物体常有乳汁；花单性，子房上位，常三室，胚珠悬垂；常蒴果，或浆果状或核果状。

58. 鼠李科：木本；单叶；花瓣着生于萼筒上并与雄蕊对生，花瓣常凹形，花盘明显；常为核果。

59. 椴树科：常为木本，树皮柔韧；单叶互生，基出脉，常被星状毛，有托叶；聚伞花序，花瓣内侧常有腺体，雄蕊常多数，子房上位，柱头锥状或盾状；蒴果、核果或浆果。

60. 葡萄科：藤本；有卷须与叶对生；花序与叶对生；雄蕊与花瓣对生；浆果。

61. 锦葵科：单叶互生，常为掌状叶脉，有托叶；花常具副萼，单体雄蕊具雄蕊管；蒴果或分裂为数个果瓣的分果。

62. 猕猴桃科：植物体毛被发达；单叶互生，无托叶；花序腋生，花药背部着生；浆果或蒴果。

63. 梧桐科：多木本，幼嫩部分常有星状毛，树皮柔韧；常有托叶；通常有雌雄蕊柄，雄蕊的花丝常合生成管状；常为蒴果或果。

64. 山茶科：常绿木本；单叶互生；花单生或簇生，有苞片，雄蕊多数，成数轮，常花丝基部合生而成数束雄蕊，中轴胎座；蒴果或核果。

65. 胡颓子科：木本，全株被银色或金褐色盾形鳞片；单叶全缘；单被花，花被管状。

66. 桃金娘科：常绿木本；单叶全缘，具透明油点；花萼或花瓣常连成帽状体，雄蕊在花蕾时卷曲或折曲，子房下位。

67. 清风藤科：叶互生；花瓣常为5片，其内方2片通常较小，雄蕊与花瓣对生，花药常具厚的药隔，有花盘，子房通常2室；核果。

68. 野牡丹科：单叶，具基出脉，侧脉平行；花萼合生，与子房基部结合花药孔裂，药隔通常膨大而下延成长柄或短柄，子房下位；蒴果常顶孔开裂或为浆果。

69. 山茱萸科：多木本；单叶；花序有苞片或总苞片，萼管与子房合生，花瓣与雄蕊同生于花盘基部，子房下位；核果或浆果状核果。

70. 伞形科：芳香性草本；常有鞘状叶柄；单生或复生的伞形花序，花5基数，上位花盘，子房下位；双悬果。

71. 五加科：木本稀草本，伞形花序，五基数花，子房下位；浆果或核果。

72. 杜鹃花科：木本；有具芽鳞的冬芽；单叶互生；花萼宿存，合瓣花，雄蕊生于下位花盘的基部，花药孔裂；多蒴果。

73. 柿树科：木本；单叶全缘；花常单性，花萼宿存；浆果。

74. 山矾科：木本；单叶互生；花萼常宿存，合瓣花，冠生雄蕊，子房下位；核果或浆果，顶端冠以宿存的花萼裂片。

75. 报春花科：草本；常有腺点和白粉；花两性，雄蕊与花冠裂片同数而对生，特立中央胎座；蒴果。

76. 龙胆科：常草本；单叶对生；两性花，花冠裂片右向旋转排列，冠生雄蕊与花冠裂片同数而互生；蒴果二瓣开裂。

77. 夹竹桃科：多草本，具汁液；单叶对生或轮生；花冠喉部常有毛，冠生雄蕊，花药矩圆形或箭头形；多蓇葖果；种子常一端被毛。

78. 萝藦科：多草本，具乳汁；单叶对生或轮生；有副花冠，雄蕊花丝合生成管包围雌蕊，具花粉块；蓇葖果双生；种子顶端被毛。

79. 茄科：多草本；单叶互生；花萼宿存，果时常增大，雄蕊冠生，与花冠裂片同数而互生，花药常孔裂，心皮2，合生；浆果或蒴果。

80. 旋花科：藤本；叶互生；两性花，有苞片，萼片常宿存，合瓣花，开花前旋转状，有花盘；蒴果或浆果。

81. 马鞭草科：草本或木本，叶对生；基本花序为穗状或聚伞花序，花萼宿存，花冠合瓣，多左右对称，雄蕊4，冠生，子房上位，花柱顶生；核果或蒴果状。

82. 唇形科：常草本，含芳香油；茎四棱；叶对生；花冠唇形，轮伞花序，2强雄蕊，2心皮子房，裂成4室，花柱生于子房裂隙的基部；4个小坚果。

83. 紫金牛科：木本；单叶互生，常有腺点；花萼宿存，多有腺点，冠生雄蕊与花冠裂片同数且对生，花药背面常有腺点，一室子房；核果或浆果。

84. 木犀科：木本；叶常对生；花整齐，花萼通常4裂、花冠4裂，雄蕊2，子房上位，2室，每室常2胚珠。

85. 玄参科：常草本，单叶，常对生；花左右对称，花被4或5，常2强雄蕊，心皮2室；蒴果。

86. 桔梗科：常草本，含乳汁；单叶互生；钟状花冠，子房上位，常3室；蒴果。

87. 茜草科：单叶互生，托叶位于叶柄间或叶柄内；合瓣花，子房下位，2室；蒴果、浆果或核果。

88. 忍冬科：常木本；叶对生，无托叶；合瓣花，子房下位，常3室；浆果、蒴果或核果。

89. 列当科：寄生草本，无叶绿素；茎常单一；叶鳞片状；唇形花冠，2强雄蕊冠生；蒴果2裂。

90. 苦苣薹科：单叶常对生；花冠常唇形，冠生雄蕊，花药常成对连着，一室子房，侧膜胎座，倒生胚珠；蒴果。

91. 爵床科：常草本；叶对生，节部常膨大；花具苞片，花常唇形，2室子房；蒴果；种子常具钩。

92. 菊科：头状花序，有总苞，合瓣花，聚药雄蕊，子房下位；连萼瘦果。

93. 车前科：草本；叶基生，基部成鞘；穗状花序，花四基数，花单生于苞片腋部，花冠干膜质；蒴果环裂。

94. 败酱科：多草本；单叶对生，多羽状分裂；聚伞圆锥花序，子房下位，3室，仅1室发育，胚珠1；瘦果。

95. 川续断科：草本；叶常对生；花序基部有总苞片，花序轴上有多数苞片，每苞片腋生1花，子房下位，1室，1胚珠；瘦果包围于增大的小总苞中。

96. 泽泻科：水生或沼泽生草本；花在花轴上轮状排列，外轮花被萼状。

97. 葫芦科：藤本，卷须生于叶腋；单叶互生，稀鸟足状复叶；花单性，花药药室常曲形，子房下位；瓠果。

98. 棕榈科：木本；树干不分枝；叶常为羽状或扇形分裂，在芽中呈折扇状；肉穗花序。

99. 天南星科：草本，具对人的舌有刺痒或灼热感的汁液；佛焰花序；浆果。

100. 鸭跖草科：草本；有叶鞘；双花被，子房上位；蒴果；种子有棱。

101. 莎草科：草本；秆三棱形，实心，无节；叶三列，有封闭的叶鞘；小坚果。

102. 禾本科：多草本；秆圆柱形，中空，有节；叶二列，叶鞘开裂；颖果。

103. 姜科：多年生草本，常有香气；叶鞘上具叶舌；外轮花被与内轮明显区分，发育雄蕊1枚，其余的常退化为花瓣状。

104. 石蒜科：多年生草本，叶基生；常伞形花序，生于花茎顶上，具膜质苞片，花3基数，子房下位，中轴胎座；蒴果或浆果状。

105. 百合科：花三基数，子房上位，中轴胎座；蒴果或浆果。

106. 薯蓣科：缠绕草本；叶具基出掌状脉，并有网脉；花单性；蒴果有翅或浆果。

107. 灯心草科：湿生草本；茎多簇生；叶基生或同时茎生，常具叶耳；花3基数；蒴果3瓣裂。

108. 鸢尾科：多年生草本；具地下茎变态茎；叶常根生而嵌叠状，剑形或线形；花有鞘状苞片内抽出，常大而有美丽的斑点，子房下位；蒴果3室，背裂。

109. 浮萍科：浮水草本，植物体退化为鳞片状叶状体，小形；花单性，裸花；瓶状胞果。

110. 芭蕉科：草本；常有由叶鞘重叠而成的树干状假茎；穗状花序生于佛焰苞内，子房下位；浆果或蒴果。

111. 兰科：草本；须根附生有肥厚的根被；花左右对称，有唇瓣，雄蕊和雌蕊合生成合蕊柱，花粉结合成花粉块，子房下位；蒴果；种子极多，微小。

附录二　校园常见种子植物名录

一、裸子植物 GYMNOSPERMAE

苏铁科

苏铁 *Cycas revoluta* Thunb. 观赏树种。茎含淀粉，种子含油，入药收敛、止咳、止血。

银杏科

银杏 *Ginkgo biloba* L. 栽培。庭园观赏、行道绿化及珍贵用材。种子可食，润肺止咳。

松科

雪松 *Cedrus deodara*（Roxb.）Loud. 栽培。世界著名庭园观赏树种。

马尾松 *Pinus massoniana* Lamb. 材用，薪炭，割松脂，木纤维原料；叶提芳香油。

黑松 *Pinus thunbergii* Parl. 栽培。原产日本。庭园及裸露石山绿化，材用，提树脂。

金钱松 *Pseudolarix amabilis*（Nelson）Rehd. 世界著名庭园观赏树种。根皮、树皮药用。

杉科

柳杉 *Cryptomeria fortunei* Hooibrenk ex Otto et Dietr. 园林、行道绿化。

杉木 *Cunninghamia lanceolata*（Lamb.）Hook. 重要商品材，造纸，木纤维原料。

水杉 *Metasequoia glyptostroboides* Hu et Cheng. 栽培。我国特产第三纪孑遗植物。国家一级保护树种。

柏科

柏木 *Cupressus funebris* Endl. 庭园观赏，材用枝叶提芳香油。种子油工业用。

刺柏 *Juniperus formosana* Hayata. 我国特产。庭园观赏，水土保持。植物体可提芳香油。

侧柏 *Platycladus orientalis*（L.）Franch. 栽培。园林绿化，种子药用。全株含芳香油。

圆柏 *Sabina chinensis*（L.）Ant. 园林观赏，提芳香油，枝叶药用，种子油润滑及药用。

罗汉松科

罗汉松 *Podocarpus macrophyllus*（Thunb.）D. Don. 庭园观赏，用材。树皮、种子药用。

三尖杉科

三尖杉 *Cephalotaxus fortunei* Hook. f. 我国特产。材用，抗癌，种子油工业用。

二、被子植物 ANGIOSPERMAE

木兰科

鹅掌楸 *Liriodendron chinense*（Hemsl.）Sarg. 种植。为国家重点保护植物。

白玉兰 *Magnolia denudata* Desr. 栽培。庭园观赏；花提香精，制浸膏等。

荷花玉兰 *Magnolia grandiflora* L. 原产北美东南部。庭园观赏，提芳香油，花制浸膏。

含笑花 *Michelia figo*（Lour.）Spreng. 栽培。花瓣制花茶。叶提芳香油和药用。

樟科

樟 *Cinnamomum camphora*（L.）Presl. 优良用材，庭园、行道绿化，提樟脑、樟油。

黄樟 *Cinnamomum porrectum*（Roxb.）Kosterm. 用材，各部提樟脑、樟油，种子油制皂。

山苍子 *Litsea eubeba*（Lour.）Pers. 提山苍子油，制优良香精。果治血吸虫病。

毛茛科

乌头 *Aconitum carmichaelii* Debx. 著名中药。

牡丹 *Paeonia suffruticosa* Andr. 栽培。观赏，根皮药用治中风惊痫、吐血、闭经、痈疡。
茴茴蒜 *Ranunculus chinensis* Bunge. 全草有毒。外敷截疟、消肿，治疮癣。
石龙芮 *Ranunculus sceleratus* L. 全草清肝利湿、活血消肿，治急性黄疸型肝炎。
扬子毛茛 *Ranunculus sieboldii* Miq. 茎叶治恶疮、鱼口、跌打、蛇伤。外用，勿内服。

睡莲科

芡实 *Euryale ferox* Salisb. 根、茎、种仁可食。种子名芡实，健脾益肾、镇痛收敛。
睡莲 *Nymphaea tetragona* Georgi. 观赏，花、花梗供蔬食，根茎强壮剂、收敛剂。

莲科

莲 *Nelumbo nucifera* Gaertn. 观赏，根茎食用，莲子补肾止泻、养心益肾，花托消瘀止血。

小檗科

阔叶十大功劳 *Mahonia bealei*（Fort.）Carr. 观赏，根茎代黄连治各种细菌性炎症、杀虫。
小叶十大功劳 *Mahonia fortunei*（Lindl.）Fedde. 栽培。根茎、叶清热解毒、抗菌、代黄连用。
南天竹 *Nandina domestica* Thunb. 观赏，药用治百日咳、目赤肿痛、血尿、疳积、镇咳。

木通科

木通 *Akebia quinata*（Thunb.）Decne. 果酿酒，种子油制皂，各部药用。
五叶瓜藤 *Holboellia fargesii* Reaub. 根治关节炎、黄疸型肝炎、脾胃虚弱，跌打损伤。

防己科

木防己 *Cocculus trolobus*（Thunb.）DC. 藤茎编藤器，根治湿肿，作强壮剂，外用治蛇伤。
防己 *Sinomenium acutum*（Thunb.）Rehd. et Wils. 编藤器，根茎治风湿、脚气、中风。
千金藤 *Stephania japonica*（Thunb.）Mers. 藤茎编织用，药用治水肿、淋病、风湿。

马兜铃科

马兜铃 *Aristolochia debilis* Sidb. et Zucc. 有毒，根行气止痛，解蛇毒，果镇咳。

三白草科

蕺菜 *Houttuynia cordata* Thunb. 全草治肺炎、消食积。

金粟兰科

草珊瑚 *Sarcandra glabra*（Thunb.）Nakai. 全株治流感、流行性乙型脑炎、肺炎。

罂粟科

博落回 *Macleaya cordata*（Willd.）R. Br. 全草有毒，治跌打损伤、消肿镇痛，可作农药。
虞美人 *Papaver rhoeas* L. 栽培。观赏，花镇咳，种子含油 40%以上。

十字花科

芥蓝头 *Brassica caulorapa* Pasq. 蔬菜，球茎皮治脾虚、火旺、化痰，种子消食。
白菜（青菜）*Brassica chinensis* L. 栽培。蔬菜。
油菜 *Brassica campestris* L. 栽培。油料。种子散瘀消肿。
芥菜 *Brassica juncea*（L.）Czern. et Coss. 栽培。蔬菜。种子清肝、明目、止血。
大白菜（黄芽白）*Brassica pekinensis* Rupr. 栽培。蔬菜。
荠菜 *Capsella bursapastoris*（L.）Medic. 降压止血、清热、明目，种子油制皂或油漆。
播娘蒿 *Descurainia sophia*（L.）Webb et Prantl. 利尿消肿，种子油食用、工业用。
萝卜 *Raphanus sativus* L. 栽培。全株作蔬菜，籽消肿、下气、化痰。
蔊菜 *Raphanus montana*（Wall.）Small. 全草利热利尿、凉血解毒、消肿退黄。

堇菜科

犁头草 *Viola japonica* Langsd. 全草清热解毒、消肿。
紫花地丁 *Viola yedoensis* Makino. 全草清热解毒、止血、治肝炎。

远志科

瓜子金 *Polygala japonica* Houtt. 全草止咳、祛痰、安神强心、利尿。

远志 *Polygala tenuifolia* Willd. 根祛痰、镇静、安神，治咳嗽、心悸不眠、健忘。

景天科

垂盆草 *Sedum sarmentosum* Bunge. 全草消炎止痛，治蛇伤。

火焰草 *Sedum stollarriiffolium* Franch. 全草消炎止痛，治烧伤。

虎耳草科

虎耳草 *Saxifraga stolonifera* Meerb. 祛湿消肿、凉血止血、清热解毒，治各种炎症。

茅膏菜科

茅膏菜 *Drosera peltata* Smith var. lunata（Buch.-Ham.）Clake. 球茎祛风除湿、止痛。

石竹科

石竹 *Dianthus chinensis* L. 庭园花卉。全草利尿，治白淋有特效；花提芳香油。

繁缕 *Stellaria media*（L.）Cyr. 野菜，全草治疮疥。

牛繁缕 *Myosoton aquaticum*（L.）Pries. 全草祛风、解毒，治疖疮。

孩儿参 *Pseudostellaria heterophylla*（Miq.）Pax

漆姑草 *Sagina japonica*（S. W.）Ohwi. 全草消炎，治漆疮有特效。

马齿苋科

马齿苋 *Portulaca oleracea* L. 茎叶清热消暑、消炎止痢，可食用，或作农药杀芽虫。

蓼科

荞麦 *Fagopyrum esculentum* Moench. 栽培。原产中亚。粮食作物。

扁蓄 *Polygonum aviculare* L. 全草利尿、消炎、止泻、驱蛔虫，治肺炎等。

虎杖 *Polygonum cuspidatum* Sieb. et Zucc. 根、叶消炎杀菌、止血，配方治各种肿瘤。

何首乌 *Fallopia multiflora*（Thunb.）Harald. 块茎生用通便、解疮毒，熟用补肝肾、益气血。

红蓼 *Polygonum orientale* L. 果清肺化痰、通便，花散血消食、止痛，叶、根治毒疮。

杠板归 *Polygonum perfoliatum* L. 全草清热解毒，治蛇伤、结石，可作农药。

酸模 *Rumex acetosa* L. 根或全草消炎止血、通便杀虫，叶作猪饲料，全株作农药。

羊蹄 *Rumex japonicus* Houtt.

商陆科

商陆 *Phytolacca acinosa* Roxb. 全株有毒。利尿消肿，可作农药、兽药，外敷治无名肿毒。

藜科

牛皮菜 *Beta vulgaris* L. var. *cicla* L. 栽培。叶带红色的品种可供观赏。

藜 *Chenopodium album* L. 嫩时作蔬菜、猪饲料，外洗疮疖、疥癣，种子榨油、酿酒。

土荆芥 *Chenopodium ambrosioides* L. 原产美洲热带地区。全草有毒，驱虫止痒，治毒虫咬伤。

小藜 *Chenopodium serotinum* L. 田间杂草。幼苗作蔬菜，全株杀虫。

地肤 *Kochia scoparia*（L.）Schrad. 果利尿通淋、清湿热，又供观赏。

菠菜 *Spinacia oleracea* L. 栽培蔬菜。原产伊朗。富含维生素、磷、铁，入药作缓泻剂。

苋科

牛膝 *Achyranthes bidentata* Bl. 根生用活血通经，熟用补肝肾、强腰膝。

喜旱莲子草 *Alternanthera philoxeroides*（Matt.）Griseb. 原产巴西。作饲料，清热利尿。

苋 *Amaranthus tricolor* L. 栽培。原产美洲热带地区，蔬菜，全株清热明目、利大小便。

鸡冠花 *Celosia cristata* L. 花供观赏，种子作青箱子用，花序、种子止血收敛、止泻。

千日红 *Gomphrena globosa* L. 栽培花卉。原产美洲热带地区。花序治咳嗽、气喘、平肝明目。

牻牛儿苗科

老鹳草 *Geranium wilfordii* Maxim.

天竺葵 *Pelargonium hortorum* Bailey. 栽培。原产非洲南部。花卉。

酢浆草科

酢浆草 *Oxalis corniculata* L. 全株清热解毒、活血散瘀、利尿、消肿、止血。

铜锤草 *Oxalis corymbosa* DC. 栽培。原产美洲热带。全株治月经不调、赤白痢、止血。

凤仙花科

凤仙花 *Impatiens balsamina* L. 观赏，花卉，根、茎、花、种子药用。

千屈菜科

紫薇 *Lagerstroemia indica* L. 庭园观赏，材用，叶、根入药。

石榴科

石榴 *Punica granatum* L. 栽培。原产亚洲中部。观赏，水果，根皮煎水可驱绦虫。

菱科

菱 *Trapa bispinosa* Osb. 栽培。果提淀粉、酿酒，果壳提栲胶，全株作饲料。

紫茉莉科

紫茉莉 *Mirabilis jalapa* L. 原产美洲热带地区。根作缓下剂，全草捣敷痈疽，鲜叶治疥癣。

海桐花科

海桐 *Pittosporum tobira*（Thunb.）Ait. 栽培。庭园观赏，绿篱，蜜源。

葫芦科

冬瓜 *Benincasa hispida*（Thunb.）Cogn. 蔬菜，皮清热止渴，利尿消肿，籽利水止咳。

西瓜 *Citrullus lanatus*（Thunb.）Man Sf. 栽培。水果，果皮清热解暑，种子食用。

香瓜 *Citrullus melo* L. 栽培。水果，种子油食用或制皂。

黄瓜 *Citrullus sativus* L. 栽培。蔬菜。

南瓜 *Cucurbita moschata*（Duch.）Poiret. 栽培。蔬菜，种子食用、榨油，驱虫杀虫。

丝瓜 *Luffa cylindrica*（L.）Roem. 栽培。蔬菜，瓜络，种子清凉利尿，种子油食用或制皂。

苦瓜 *Momordica charantia* L. 栽培。果作蔬菜，清热止渴，根治痢疾，叶治疮疖。

秋海棠科

秋海棠 *Begonia evansiana* Andr. 栽培。花卉，叶敷疮疖，根治蛇伤。

山茶科

山茶 *Camellia japonica* L. 栽培。庭园观赏，品种 3 000 种以上，种子油食用或工业用。

油茶 *Camellia oleifera* Abel. 优良食用油，茶枯作肥料，果壳制活性炭，小用材。

茶 *Camellia sinensis* Kuntze. 优良饮料，种子油供精密仪器润滑油，提炼后可食用。

猕猴桃科

中华猕猴桃 *Actinidia chinensis* Planch. 果生食，制果酱、罐头或酿酒，花提香精。

金丝桃科

金丝桃 *Hypericum chinense* L. 庭园观赏，全草清凉解毒、祛风消肿。

元宝草 *Hypericum sampsonii* Hance. 全株通经活络、止血、定痛。

椴树科

黄麻 *Corchorus capsularis* L. 栽培。原产非洲。叶含强心苷，茎皮作麻制品或混纺原料。

杜英科

杜英 *Elaeocarpus decipiens* Hemsl. 木材培养香菇，种子油制皂及润滑油，行道绿化。

梧桐科

梧桐 *Firmiana simplex*（L.）W. Wight. 材用，庭园行道树，种子油食用或工业用。

锦葵科

秋葵 *Abelmoschus esculentus*（L.）Moench. 原产热带，庭园花卉，嫩果作蔬菜。

苘麻 *Abutilon theophrasti* Medic. 种子油工业用、木材防腐剂，茎皮纤维制麻制品，种子药用。

陆地棉 *Gossypium hirsutum* L. 原产中美洲。种子毛制棉制品。棉籽油食用、工业用油。
木芙蓉 *Hibiscus mutabilis* L. 园林观赏，绿篱，紫胶虫寄主，叶、花、根清热解毒。
木槿 *Hibiscus syriacus* L. 栽培。庭园观赏，绿篱，纤维麻纺或造纸，花、嫩叶食用。

大戟科

铁苋菜 *Acalypha australis* L. 全株抗菌、解毒、散血止血，外洗治皮肤湿疹。
地锦 *Euphorbia humifusa* Willd. 全株清热止痢。
蓖麻 *Ricinus communis* L. 原产非洲。种子油工业用，根、叶杀菌消炎、拔脓，种子通便。
乌桕 *Sapium sebiferum*（L.）Roxb. 种子油制油漆、油墨、蜡烛、肥皂，蜜源。
油桐 *Vernicia ffordii*（Hemsl.）Airy-Shaw. 桐油为油漆、涂料、颜料等重要原料。

蔷薇科

蛇莓 *Duchesnea indica*（Andrewe）Focke. 果酿酒、制果酱，全株清热解毒、通经散瘀。
枇杷 *Eriobotrya japonica*（Thunb.）Lindl. 园林观赏，果树，叶化痰止咳，优良用材。
梅 *Prunus mume*（Sied.）S. et Z. 庭园观赏，果制果脯，花蕾、未熟果开胃散郁，镇咳安神。
桃 *Amygdalus persica* L. 庭园花木，果树，根、叶杀虫，树胶作胶结剂。
李 *Prunus salicina* Lindl. 果生食，制果酱、果脯或酿酒，核仁、根皮、树胶均药用。
杏 *Prunus armeniaca* L. 栽培。观赏，果树，药用。
樱花 *Prunus serrulatus* Lindl. 庭园观赏。
日本樱花 *Prunus yedoensis* Matsum. 栽培。庭园观赏。
火棘 *Pyracantha fortuneana*（Maxim.）Li. 庭园观赏，绿篱，果酿酒，根皮提栲胶。
月季花 *Rosa chinensis* Jacq. 栽培。庭园绿化，花提香料，花蕾或初花活血、消肿止痛。
野蔷薇 *Rosa multiflora* Thunb. 保持水土，根皮提栲胶，鲜花提香精，各部药用。
玫瑰 *Rosa rugosa* Thunb. 著名芳香花卉，鲜花提高级香精，干花瓣作饮料，花药用。
中华绣线菊 *Spiraea chinensis* Maxim. 庭园绿化，枝、叶洗疥疮。

含羞草科

含羞草 *Mimosa pudica* Linn. 用于吐泻，失眠，小儿疳积，目赤肿痛，带状疱疹。
合欢 *Albizzia julibrissin* Durazz. 庭园、行道树，材用，树皮、叶提栲胶，树皮药用。

苏木科

云实 *Caesalpinia decapetala*（Roth.）Atston. 药用、绿篱。
决明 *Cassia tora* L. 茎皮代麻，药用清肝明目、轻泻、解毒止痛，提蓝色染料，嫩时可食。
紫荆 *Cercis chinensis* Bunge. 栽培观赏，茎皮解毒消肿，治咽喉肿痛，外用治痔疮。
皂荚 *Gleditsia sinensis* Lam. 材用，作洗涤剂，荚果祛风解毒、消肿，治中风、昏厥。

蝶形花科

落花生 *Arachis hypogaea* L. 原产巴西。油料，茎叶作绿肥，种仁食用，入药祛痰止咳。
紫云英 *Astragalus sinicus* L. 绿肥，饲料，全草清火解毒，治喉痛、痔疮。
刀豆 *Canavalis gladiata*（Jacq.）DC. 栽培。嫩菜，果散瘀活血。荚果治呃逆。
扁豆 *Dolichos lablab* L. 栽培。蔬菜，种子补脾胃、化暑湿，解毒。
绿豆 *Phaseolus radiatus* L. 栽培。种子食用，清热解毒、利尿，茎叶作绿肥。
豌豆 *Pisum sativum* L. 栽培。嫩叶、种子食用，茎、叶作饲料、绿肥。
红车轴草（红三叶）*Trifolium pratense* L. 栽培。良好饲料，绿肥。
白车轴草（白三叶）*Trifolium repens* L. 栽培。原产欧洲。牧草，绿肥，水土保持。
蚕豆 *Vicia faba* L. 栽培。食用或制豆制品，绿肥，饲料改良土壤。
豇豆 *Vigna sinensis*（L.）Sav I. 豆荚食用，种子、叶、果荚、根健脾利湿、敛汗止血。
紫藤 *Wisteria sinensis* Sweet. 庭园藤架，茎皮为优质纤维原料，花提芳香油，药用。

金缕梅科

蚊母树 *Distylium racemosum* S. et Z. 材用，园林绿化。

金缕梅 *Hamamelis mollis* Oliv. 名贵观赏植物，根治劳伤乏力。

枫香树 *Liquidambar formosana* Hance. 材用，园林绿化，红叶观赏，提栲胶、树脂，根、果、叶药用。

红花檵木 *Loropetalum chinense* var. *rubrum* Yieh. 庭园观赏。

杜仲科

杜仲 *Eucommia ulmoides* Oliv. 树皮强筋骨、补肝肾，治高血压，提硬橡胶，细木工材。

黄杨科

雀舌黄杨 *Buxus bodinieri* Levl. 观赏。

大叶黄杨 *Buxus megistophylla* Levl. 庭园绿化，雕刻、工艺、文具用材。

黄杨 *Buxus sinica*（R. et W.）M. Cheng. 庭园绿化，雕刻、美术、工艺品用材。

悬铃木科

悬铃木 *Platanus acerifolia*（Ait.）Willd. 栽培。原产欧洲。优良行道树，材用。

杨柳科

垂柳 *Salix babylonica* L. 庭园绿化，固堤，提栲胶、造纸，枝条编筐，火柴杆用材。

旱柳 *Salix matsudana* Koidz. 全枝条纤维代麻，造纸，枝柳编篓，堤岸湖滩防护林。

杨梅科

杨梅 *Myrica rubra*（Lour.）S. et Z. 庭园绿化，水果，树皮、根皮、叶提褐色染料。

壳斗科

锥栗 *Castanea henryi*（Skan）Rehd. et Wils. 优良用材，种子食用，叶养柞蚕。

板栗 *Castanea mollissima* Bl. 种子食用，用材，树皮，壳斗提栲胶，叶养柞蚕。

茅栗 *Castanea seguinii* Dode. 种子可食，树皮、壳斗提栲胶，作板栗砧木。

麻栎 *Quercus acutissima* Carr. 优良硬木，种子含淀粉，叶养柞蚕，树干培养香菇、木耳。

栓皮栎 *Quercus variabilis* Bl. 树皮为工业原料，材用，薪炭，叶养柞蚕，种子酿酒。

桑科

构树 *Broussonetia papyrifera*（L.）Vent. 茎皮纤维良好，叶为饲料，绿化抗性强。

柘树 *Cudrania tricuspidata*（Carr.）Bur. 造纸，木材提黄色染料，叶养蚕。

无花果 *Ficus carica* L. 栽培。庭园绿化，果生食或糖渍食，开胃止咳，叶、根治痔疮。

桑 *Morus alba* L. 家蚕饲料，果生食、酿酒，皮纤维造纸，用材，各部药用。

荨麻科

苎麻 *Boehmeria nivea*（L.）Gaud. 茎皮纤维质优，根叶药用，叶养蚕、作饲料。

大麻科

大麻 *Cannabis sativa* L. 茎皮纤维单纺或混纺，种子油作油漆、肥皂，种仁、根药用。

冬青科

枸骨 *Ilex cornuta* Lindl. 庭园观赏，绿篱，种子油工业用。

苦丁茶 *Ilex kudingcha* Tseng. 栽培。叶代茶，观赏，行道树，防火林带。

卫矛科

卫矛 *Euonymus alatus*（Thunb.）Sieb. 枝条活血通经、祛瘀止痛、疏风散寒。

扶芳藤 *Euonymus fortunei*（Turcz.）H. -M. 观赏，绿化，全株舒经络、散瘀血。

冬青卫矛（大叶黄杨）*Euonymus japonicus* L. 栽培。庭园绿化，根调经化瘀。

雷公藤 *Tripterygium wilfordii* Hook. f. 全株有毒，作农药或药用，茎皮造纸。

鼠李科

枣 *Ziziphus jujuba* Mill. var. *inermis*（Bunge）Rehd. 栽培。果生食，制干枣、蜜枣。

葡萄科

蛇葡萄 *Ampelopsis sinica*（Miq.）W. T. Wang

乌蔹莓 *Cayratia japonica*（Thunb.）Gagnep. 全株活血消肿、祛风湿、强筋骨，治血尿。

爬山虎 *Parthenocissus tricuspidata*（S. et Z.）Planch. 根、茎活血消肿、消炎。

葡萄 *Vitis vinifera* L. 原产西亚及欧洲。果生食、制葡萄干、酿酒，叶消炎，治咽喉痛。

芸香科

柚 *Citrus grandis*（L.）Osbeck. 栽培。果食用，提芳香油，种子油工业用，果皮作蜜饯。

橘 *Citrus reticulata* Blance. 栽培。水果，果皮，花、叶提芳香油，种子油制皂。

橙 *Citrus sinensis*（L.）Osbcek. 栽培。生食或加工，果皮、叶、花提芳香油。

金橘 *Fortunella margarita*（Lour.）Swingle 栽培。观赏，果生食，制蜜饯。

枳 *Poncirus trifoliata*（L.）Raffin. 绿篱，柑橘砧木，提芳香油，果提柠檬酸，药用。

花椒 *Zanthoxylum bungeanum* Maxim. 栽培。果作调味剂，提芳香油，温中散寒、燥湿杀虫。

苦木科

臭椿 *Ailanthua altissima*（Mill.）Swingle. 材用，提栲胶，种子油食用、制皂。

楝科

楝 *Melia azedarach* L. 优良用材，行道树，茎皮代麻或造纸，根、茎皮药用，农药。

香椿 *Toona sinensis*（A. Juss.）Roem. 优良用材，四旁绿化，行道树，嫩叶作蔬菜。

无患子科

栾树 *Koelreuteria paniculata* Laxm. 小农具材，行道树，花提黄色染料，种子油制皂或润滑油。

无患子 *Sapindus mukorossi* Gaertn. 细木工材，绿化，行道树，种子油制皂、润滑油。

槭树科

三角槭 *Acer buergerianum* Miq. 用材，绿化，绿篱。

鸡爪槭 *Acer palmatum* Thunb. 园林绿化。

省沽油科

野鸦椿 *Euscaphis japonica*（Thunb.）Dippel. 种子油制皂，全株通经活络、理气消积。

漆树科

南酸枣 *Choerospondias axillaris*（Roxb.）Burtt. et Hill. 速生用材，行道树，绿化。

盐肤木 *Rhus chinensis* Mill. 降血压、收敛解毒，提栲胶，制墨水、黑色染料及塑料。

胡桃科

核桃 *Juglans regia* L. 原产伊朗。种仁生食，榨油食油，优良用材，提栲胶。

枫杨 *Pterocarya stenoptera* C. DC. 绿化，行道树，树皮代麻，造纸，根、叶杀虫。

珙桐科

喜树 *Camptotheca acuminata* Decne. 根皮、果有毒，抗癌，治白血病、胃癌。行道绿化。

五加科

常春藤 *Hedera nepalensis* K. Koch var. *sinensis*（Tobl.）Rend. 全株舒筋散风。

伞形科

芹菜 *Apium graveolens* L. 栽培。蔬菜，全草治高血压，根治气管炎，果提香精。

积雪草 *Centella asiatica*（L.）Urban. 全草凉血、消炎，作凉茶、农药、兽药。

芫荽 *Coriandrum sativum* L. 原产地中海。蔬菜，发表透疹、散寒理气，全草提芳香油。

胡萝卜 *Daucus carota* L. var. sativa Hoffm. 栽培。根作蔬菜，全株解烟毒、消肿化痰。

天胡荽 *Hydrocotyle sibthorpioides* Lam. 全草治肝炎、感冒、尿路结石。

水芹 *Oenanthe decumbens*（Thunb.）K. Pol.

破子草 *Torilis japonica*（Houtt.）DC. 根治食物中毒、果治虫积腹痛、驱蛔虫。

杜鹃花科

杜鹃 *Rhododendron simsii* Planch. 观赏，全株，根花行气活血，补虚，治妇科病。

白花杜鹃 *Rhododendron mucronatum*（Blume）G. Don 栽培。

柿树科

柿 *Diospyros* kaki L. f. 栽培。果生食、制柿饼，根药用，嫩果、树皮提栲胶，用材。

木犀科

白蜡树 *Fraxinus chinensis* Raxb. 白蜡虫寄主，枝条编篮篓，树皮调经、解毒。

迎春花 *Jasminum nudiflorum* Lindl. 栽培。绿化观赏，花提芳香油，药用清热解表。

女贞 *Ligustrum lucidum* Ait. 绿化，绿篱，白蜡虫寄主，种子补肾强腰，种子油工业用。

小叶女贞 *Ligustrum quihoui* Carr. 绿化。

小蜡树 *Ligustrum sinense* Lour. 绿篱，白蜡虫寄主，叶清热解毒、消肿止痛。

桂花 *Osmanthus fragrans* Lour. 优良绿化、庭园树种，花制浸膏及食品，糖果糕点香料。

夹竹桃科

长春花 *Catharanthus roseus*（L.）G. Don. 原产非洲。观赏，凉血降压，治癌症。

夹竹桃 *Nerium indicum* Mill. 原产伊朗。绿化，有大毒，强心、利尿、发汗、祛痰、杀虫。

茜草科

栀子 *Gardenia jasminoides* Ellis. 庭园绿化，花提芳香浸膏及香精，果提黄色染料。

白花蛇舌草 *Hedyotis diffusa* Willd. 全草清热解毒、活血利尿，治各种癌症及炎症。

鸡矢藤 *Paederia scandens*（Lour.）Merr. 全株消食，止咳、祛风、散瘀，茎皮造纸。

茜草 *Rubia cordifolia* L. 根清凉止血、活血散瘀，根提红色染料用于食品。

六月雪 *Serissa foetida* Comm. 庭园绿化，全株清热利湿、消肿拔毒、止咳化痰。

忍冬科

忍冬 *Lonicera japonica* Thunb. 庭园绿化，花清热解毒、抗菌消炎，可为饮料，提芳香油。

接骨木 *Sambucus racemosa* L. 全株接骨，治跌打、祛风除湿，种子含油。

珊瑚树 *Viburnum awabuki* K. Koch. 栽培。绿篱、园景树，抗有毒气体，防火树种，用材。

菊科

黄花蒿 *Artemisia annua* L. 全草清虚热、退骨蒸，治胸闷、潮热盗汗。

青蒿 *Artemisia apiacea* Hance.

艾蒿 *Artemisia argii* Levl. 全草治吐血、胎动不安、久痢不止。

天名精 *Carpesium abrotanoides* L. 止血利尿、清热解毒，种子驱虫，水浸液作农药。

野菊 *Dendranthema indicum*（L.）Des Moul.

鳢肠 *Eclipta prostrata* L. 全草治内脏出血、肺结核出血、亦治外伤出血。

一年蓬 *Erigeron annuus*（L.）Pers. 原产美洲。

向日葵 *Helianthus annuus* L. 原产北美洲。种子炒食、榨油供食用，花制黄色染料。

苦荬菜 *Ixeris denticulata*（Houtt.）Stebb. 全草清热解毒、消肿，治疮疖、痈肿。

马兰 *Kalkimeris indica*（L.）Sch.-Bip. 消炎止血，花治痧症绞痛、肝炎，野菜。

莴苣 *Lactuca sativa* L. 栽培。蔬菜。

苦苣菜 *Sonchus oleraceus* L. 蔬菜，药用有小毒，治痈疽、无名肿毒。

蒲公英 *Taraxacum mongolicum* H.-M. 全草清凉解毒、消肿散结、利尿催乳，猪饲料。

苍耳 *Xanthium sibiricum* Patria. 种子油制油漆、油墨，全株祛风解表，根治高血压。

报春花科

点地梅 *Androsace umbellata*（Lour.）Merr. 清热解毒，治喉痛、口腔炎、跌打损伤。

过路黄 *Lysimachia christinae* Hance. 治劳伤、咳嗽、胆囊及尿路结石、蛇伤、烫伤。

聚花过路黄 *Lysimachia congestiflora* Hemsl. 全草除风清热、治咳嗽、咽喉肿痛、腹泻。

车前草科

车前 *Plantago asiatica* L. 全草煎水洗疮疖、通尿。

桔梗科

桔梗 *Platycodon grandiflorus*（Jacq.）A. DC. 根治喉炎、肺痈，兽药。

半边莲 *Lobelia chinensis* Lour. 全草凉血解毒，治晚期血吸虫病、肝硬化、毒蛇咬伤。

紫草科

紫草 *Lithospermum erythrorhizon* Sieb. et Zucc. 根凉血活血、解毒，治热毒发斑。

附地菜 *Trigonotis peduncularis*（Trev.）Benth.

茄科

辣椒 *Capsicum frutescens* L. 原产南美洲。蔬菜，药用发汗、健胃，茎治风湿、冷痛、冻疮。

枸杞 *Lycium chinense* Mill. 果滋补肝肾，润肺明目，根皮泻火清热、凉血，嫩叶作蔬菜。

烟草 *Nicotiana tabacum* L. 栽培。原产南美洲。叶为烟草工业原料，作农药。

白英 *Solanum lyratum* Thunb.

茄 *Solanum melongena* L. 栽培。蔬菜，根、茎、花清热利湿、祛风止咳，生茄种子解蕈毒。

龙葵 *Solanum nigrum* L. 全草治淋浊、痈疮肿毒、喉痛，作农药。

马铃薯 *Solanum tuberosum* L. 栽培。块茎作粮食，蔬菜，制淀粉、酒精。

旋花科

菟丝子 *Cuscuta chinensis* Lam. 种子治阳痿遗精、视力减退，藤活血散瘀。

马蹄金 *Dichondra repens* Forst. 全草清热利尿，治胆结石、乳腺炎。

蕹菜 *Ipomoea aquatica* Forsk. 栽培。蔬菜，全草解毒、利尿，治食物中毒、痈疮，虫牙。

红薯 *Ipomoea batatas*（L.）Lam. 栽培。原产美洲热带地区，粮食，饲料，加工薯制品、酒、糖。

茑萝 *Quamoclit pennata*（Lam.）Bojer. 栽培。原产南美洲。缠绕草质藤本，绿化。

玄参科

通泉草 *Mazus japonicus*（Thunb.）Kuntze. 全草清热毒，治脓疱疮、无名肿毒。

泡桐 *Paulownia fortunei* Hemsl. 绿化行道树，速生用材，作箱柜、乐器，叶作绿肥。

直立婆婆纳 *Veronica arvensis* L. 原产欧洲。

婆婆纳 *Veronica didyma* Tenore.

胡麻科

芝麻 *Sesamum indicum* L. 栽培。油食用。种子制糖果点心、补肝益肾，韧皮制人造棉。

马鞭草科

马鞭草 *Verbena officinalis* L. 主产热带美洲。全草凉血散瘀、清热解毒、利尿消肿。

唇形科

风轮菜 *Clinopodium chinense*（Penth.）Kuntze. 治胆囊炎、腮腺炎、结膜炎、蛇（犬）伤。

五彩苏 *Coleus scutellarioides*（L.）Benth. 栽培。

香薷 *Elsholtzia ciliata*（Thunb.）Hyland.

活血丹 *Glechoma longituba*（Nakai）Kupr. 全草治骨折、尿道结石、小儿惊风，吐放置血。

益母草 *Leonurus heterophyllus* Sweet. 全草祛瘀生新、活血调经，茎叶作农药。

紫苏 *Perilla frutescens*（L.）Britton. 栽培。香料。

夏枯草 *Prunella asiatica* Nakai.

泽泻科

泽泻 *Alisma orientale*（Sam.）Juzepcz. 块茎治淋浊、泄泻，遗精。

慈姑 *Sagittaria sagittifolia* L. 栽培。球茎作蔬菜，饲料，药用清热解毒、凉血消肿。

鸭跖草科

鸭跖草 *Commelina communis* L. 全草清热利湿、凉血解毒，花提蓝色染料。

水竹叶 *Murdannia keisak*（Hassk.）H.-M.

芭蕉科

芭蕉 *Musa basjoo* Sieb. 栽培。长江以南，绿化，叶鞘纤维供纺织、造纸，嫩叶作猪饲料。

姜科

姜黄 *Curcuma domestica* Valet. 栽培。块根作郁金用，根茎提姜黄素。

姜 *Zingiber officinale* Rosc. 栽培。根茎为食用，生姜健胃消食、止吐，提芳香油。

美人蕉科

美人蕉 *Canna indica* L. 栽培。原产印度。观赏。

百合科

晶头 *Allium chinense* G. Don. 栽培。也有野生，原产我国。

葱 *Allium fistulosum* L. 栽培。

蒜 *Allium sativum* L. 栽培。原产亚洲西部或欧洲。

芦荟 *Aloe vera* L. var. *chinensis* Haw. 栽培。叶通便催经、消炎止咳，外敷治烧伤。

百合 *Lilium brownii* var. *viridulum* Baker. 观赏，鳞茎可食并入药，补中益气、润肺消肿。

麦冬 *Lilium spicata*（Thunb.）Lour. 块根润肺止咳、滋阴生津。清心除烦。亦作兽药。

玉竹 *Polygonatum officinale* All. 根茎养阴润燥、生津止渴，与冰糖煎水服滋补。

丝兰 *Yucca filamentosa* L. 栽培。原产北美洲。观赏，花坛。

七叶一枝花 *Paris polyphylla* Sm. 根茎清热解毒、散瘀消肿，祛痰平喘，止痛。

雨久花科

凤眼莲 *Eichhornia crassipes*（Mart）Solms. 原产南美洲。绿肥，饲料。

鸭舌草 *Monochoria vaginalis* Presl. 嫩茎叶可食，作猪饲料，全草清热解毒、利尿。

天南星科

海芋 *Alocasia macrorrhiza*（L.）Schott. 根茎有毒可药用，消肿解毒、去腐生肌，作兽药。

魔芋 *Amorphophallus rivieri* Durieu（A. konjac K. Koch.）栽培。块茎富含淀粉。

野芋 *Colocasia antiquorum* Schott. 块茎有毒，入药消炎解毒。

半夏 *Pinellia ternata*（Thunb.）Breitenbach. 全草化痰止咳，行瘀解毒。

水浮莲 *Pistia stratiotes* L. 栽培。高产猪饲料，作蚊香原料，全草发汗利尿、消肿毒。

马蹄莲 *Zantedeschia aethiopica*（L.）Spreng. 栽培。

浮萍科

浮萍 *Lemna minor* L. 全草作猪、鸭、鱼饲料，入药发汗退热、利尿、止血。

紫萍 *Spirrodela polyrrhiza*（L.）Schleid. 良好的猪、鸭、鱼饲料。

石蒜科

朱顶红（朱顶兰）*Hippeastrum rutilum*（Ker-Gawl.）Herb. 栽培。原产南美洲。花卉，供观赏。

石蒜 *Lycoris radiata*（L'Her.）Herb. 花供观赏，鳞茎催吐祛痰、消肿止痛。

水仙 *Narcissus tazetta* L. var. *chinensis* Roem. 花香，供观赏，鳞茎清热消肿、解毒。

晚香玉 *Polianthes tuberosa* L. 栽培。原产墨西哥。

鸢尾科

唐菖蒲 *Gladiolus gandavensis* Van Houtte. 原产南非。观赏，球茎治疮毒、咽喉肿痛。

蝴蝶花 *Iris japonica* Thunb. 栽培花卉，根茎清热解毒、消肿止痛、固脱。

鸢尾 *Iris tectorum* Maxim. 栽培花卉，根茎消积通便，止血，治关节炎、食积、肝炎。

薯蓣科

薯蓣 *Dioscorea opposita* Thunb. 块茎中药称“淮山药”，有强壮、祛痰之功效。

黄山药 *Dioscorea panthaica* Prain et Burk. 根茎祛风除湿、清热解毒，治胃气痛。
盾叶薯蓣 *Dioscorea zingiberensis* C. H. Wright. 根茎解毒、消肿，治软组织损伤。

棕榈科

棕榈 *Trachycarpus fortunei* H. W. Endl. 绿化，观赏，棕皮纤维制棕制品，制扇、草帽。

灯心草科

灯心草 *Juncus effusus* L. 造纸、编席，降心火、清肺热、利小便。

兰科

白芨 *Bletilla striata*（Thunb.）Reichb. f. 观赏，球茎收敛消肿、润肺止血、化痰生肌。
建兰 Cymbidium ensifolium（L.）Sw. 有名芳香花卉，全草祛风理气，治妇科病。
蕙兰 *Cymbidium faberi* Rolfe. 芳香花卉。
春兰 *Cymbidium goeringii*（RchB. f.）Rchb. f. 芳香花卉。
兔耳兰 *Cymbidium lancifolium* Hook. f. 观赏。
墨兰 *Cymbidium sinense*（Andr.）Willd. 芳香花卉，根清心润肺、止咳定喘。
石斛 *Dendrobium nobile* Lindl. 栽培。全株滋阴补肾、益胃生津。
天麻 *gastrodia elata* Bl. 根祛风镇痉，治头痛眩晕、中风、癫痫、半身不遂。
斑叶兰 *Goodyera schlechtendaliana* Rchb. f. 全草清凉解毒、消肿止痛，治蛇伤。

莎草科

风车草（旱伞草）*Cyperus alternifolius* L. ssp. *flabelliformis*（Rottb.）Kukenth. 栽培观赏。
香附子 *Cyperus rotundus* L. 根茎理气止痛、芳香健胃，又可提芳香油、蒸酒。
荸荠 *Heleocharis dulcis*（Burm. f.）Trin. 各地栽培。球茎食用。
水蜈蚣 *Kyllinga brevifolia* Rottb. 牧草，全草疏风止痛、化痰，地下茎治红白痢。
荆三棱 *Scirpus martinus* L.

禾本科

青皮竹 *Bambusa textilis* McCl. 栽培。编竹器，作棚架，造纸，观赏。
紫竹 *Phyllostachys nigra*（Lodd.）Munro. 栽培观赏。秆坚韧，做箫、笛、鱼竿，笋可食。
毛竹 *Phyllostachys pubescens* Mazel ex H de Lehaie. 栽培。秆材供建
看麦娘 *Alopecurus aequalis* Sobol. 幼嫩茎叶作牧草，经酒曲发酵后作家畜饲料。
野燕麦 *Avena fatua* L. 代粮食，磨粉制糖、酿酒，牛马青饲料，全株药用补虚弱。
狗牙根 *Cynodon dactylon*（L.）Pers. 根茎入药清血消炎，牧草、固堤保土、草坪。
马唐 *Digitaria sanguinalis*（L.）Scop. 优良秋季牧草，谷粒可制淀粉。
稗 *Echinochloa crusgalli*（L.）Beauv. 稻田有害杂草，谷粒作淀粉，秆叶作饲料、绿肥。
牛筋草 *Eleusine indica*（L.）Gaerth. 牛羊饲料，水土保持，全草清热解毒、利水补虚。
白茅 *Imperata cylindrica*（L.）Beauv. var. *major*（Nees）C. E. Hubb. 造纸。
淡竹叶 *Lophatherum gracile* Brongn 叶枝入药，清凉解热、利尿消炎止痛，根催产。
五节芒 *Miscanthus floridulus*（Lbill.）Warb. 茎叶造纸，根茎入药清热利尿，饲料。
荻 *Miscanthus sacchariflorus*（Maxim.）Benll. et Hook. f. 造纸。
芒 *Miscanthus sinensis* Anderss. 全草固沙防沙，作绿篱，放牧，造纸，根入药散血去毒。
稻 *Oryza sativa* L. 栽培。粮食作物。稻草用途甚广。
双穗雀稗 *Paspalum distichum* L. 优良保土、固堤植物，牧草。
狼尾草 *Pennisetum alopecuroides*（L.）Spreng. 幼嫩时放牧，造纸，固堤防沙。
芦苇 *Phragmites communis* Trin. 供编织，优质造纸原料，根茎、花入药，芦荀可食。
早熟禾 *Poa annua* L.
棒头草 *Polypogon fugax* Nees ex Steud.

鹅观草 *Roegneria kamoji* Ohwi. 嫩秆叶作饲料，牧草，割干草。

甘蔗 *Saccharum sinense* Roxb. 栽培，茎秆榨糖，生食，残渣酿酒，造纸，压制隔音板。

金色狗尾草 *Setaria glauca*（L.）Beauv. 牧草。

狗尾草 *Setaria viridis*（L.）Beauv. 牧草，嫩叶药用治癣、痈。

高粱 *Sorghum bicolor*（L.）Moench 栽培。谷粒食用，制糖酿酒；秆制糖浆、造纸，牲畜刍料。

小麦 *Triticum aestivum* L. 粮食作物，秆造纸、编草帽，瘪果、根、叶除热止汗。

玉米 *Zea mays* L. 原产墨西哥。粮食，饲料，秆造纸，玉米须入药治糖尿、胆瘤，叶利尿。

中华结缕草 *Zoysia sinica* Hance. 草坪。

附录三　种子植物分科检索表

植物有明显的世代交替，有性世代（即配子体世代）极退化而寄生于无性世代上（即孢子体世代）。卵细胞通常与花粉管输送的精细胞受精，且发育成一胚胎，潜藏于种子内。

1. 胚珠不包藏于子房内，一般裸露，通常生于鳞片内；鳞片覆瓦状排列或聚集而成一球状体；柱头缺 ……………………………………………………………………………（Ⅰ）裸子植物门 Gymnospermae
1. 胚珠包藏于子房腔内，柱头具存 ……………………………………（Ⅱ）被子植物门 Angiospermae

（Ⅰ）裸子植物门 Gymnospermae

乔木或灌木，大部常绿，通常有针状或鳞片状的叶（银杏和买麻藤科除外）。胚珠和种子裸露，生于1鳞片或变态叶上；雌蕊为柔荑花序状的花束；生胚珠的鳞片通常为球状体；胚珠变为干燥或核果状的种子。

1. 叶为羽状复叶，宿存；植物棕榈状 ……………………………………………………… 苏铁科 Cycadaceae
1. 叶为单叶；植物非棕榈状。
  2. 叶鳞片状、针形、条形或扇形。
    3. 叶扇形，互生或簇生于短枝上，脱落，通常2裂；种子核果状 …………… 银杏科 Ginkgoaceae
    3. 叶针形或条形或鳞片状。
      4. 种子1颗，肉质而核果状，生于1肉质的柄上；花药2室 ………… 罗汉松科 Podocarpaceae
      4. 种子干燥，1至多颗，生于1鳞片内；合生成一多少木质、干燥、开裂的球果或为一浆果状球果。
        5. 叶互生，卵状三角形或卵状披针形；鳞片有胚珠1颗 …………… 南洋杉科 Araucariaceae
        5. 叶互生、对生或轮生，针形、条形或鳞片状；鳞片有胚珠2至多颗。
          6. 叶对生或轮生，通常鳞片状，或在幼苗上的为针状…………………… 柏科 Cupressaceae
          6. 叶互生或成束，很少对生的，通常条形或针形。
            7. 球果的鳞片扁平，有种子2颗，每一鳞片生于一明显的苞片的腋内 …… 松科 Pinaceae
            7. 球果的鳞片常为盾状，有种子2～9颗，无明显的苞片 …………… 杉科 Taxodiaceae
  2. 叶长椭圆形或卵状长椭圆形，全缘，羽状脉，花轮生于有节的穗状花序上；胚珠和雄蕊均有管状的盖被；木质藤本 ……………………………………………………………… 买麻藤科 Gnetaceae

（Ⅱ）被子植物门 Angiospermae

草本、灌木或乔木，胚珠和种子生于子房室内；子房后来长成一肉质或干燥的果；植物有真花，即花由花萼、花瓣、雄蕊和雌蕊构成（四者全备或缺此缺彼）。

1. 花各部器官通常4～5数；叶大部为网状脉；子叶通常2枚；直根系；茎通常有环状维管束，如是木本植物时，则有年轮 ……………………………（一）双子叶植物纲 Dicotyledoneae（见本页）
1. 花的各部器官通常3数；叶大部为平行脉；子叶通常1枚；须根系；茎通常有散生维管束，假如是木本植物时，则无年轮 ……………………………（二）单子叶植物纲 Monocotyledoneae（见142页）

（一）双子叶植物纲 Dicotyledoneae

草本、灌木或乔木，茎由形成层的分裂而增粗，倘为木本时有年轮；非平行脉；花通常4～5数。

1. 花冠缺，或花被裂片全相似或呈花瓣状或花被全缺 ………… 1. 无瓣花亚区 Apetalae（见128页）
1. 花萼、花冠具存，花瓣分离 …………………………………… 2. 离瓣花亚区 Choripetalae（见132页）
1. 花萼、花冠具存，花瓣多少合生 ……………………………… 3. 合瓣花亚区 Gamopetalae（见139页）

1. 无瓣花亚区 Apetalae
（花冠缺，或花被裂片全相似或呈花瓣状或花被全缺，倘花被为单层时，无论有颜色与否统当作无花瓣）

1. 乔木，有纤弱、具节、绿色的小枝，状如松叶；叶退化为小鳞片且轮生于节上 ………………………………………………………………………………………… 木麻黄科 Casuarinaceae
1. 植物与上不同，木质或草质，有绿色、寻常的叶。
  2. 雌蕊 2 至多枚，彼此分离或仅于基部合生。
    3. 乔木或灌木。
      4. 花下位，萼管不发达；叶互生。
        5. 心皮多数，螺旋状排列于一延长的花托上；雄蕊分离；花大 ……… 木兰科 Magnoliaceae
        5. 心皮数个，轮状排列；雄蕊合生成一管，花小 ………………………… 梧桐科 Sterculiaceae
      4. 花周位，雄蕊着生于萼管上；叶对生 ……………………………………… 蜡梅科 Calycanthaceae
    3. 草质或木质藤本，或直立草本。
      4. 藤本；叶对生；果为瘦果 …………………………………… 毛茛科 Ranunculaceae（*Clematis*）
      4. 直立草本；叶互生；心皮 5 枚，基部多少合生；果为蒴果 ……………………………………………………………………………… 虎耳草科 Saxifragaceae（*Penthorum*）
  2. 雌蕊 1 枚，由单心皮至数个合生心皮所成。
    3. 两性花或雄花（雌花往往亦如是）无花被。（对应性状见 129 页）
      4. 叶有托叶；托叶常与叶柄合生。
        5. 子房 1 室。
          6. 花为穗状花序。
            7. 花序无总苞。
              8. 草本或灌木，常为攀缘状；叶通常互生，很少对生，全缘；花极小，两性或单性，密集 ……………………………………………………………… 胡椒科 Piperaceae
              8. 草本或亚灌木；叶对生，有锯齿；花稍疏离 ……………… 金粟兰科 Chloranthaceae
            7. 花序有明显、白色的总苞 ……………………… 三百草科 Saururaceae（*Houttuynia*）
          6. 花为柔荑花序、头状花序或隐头花序。
            7. 花为柔荑花序，单性异株 ………………………………………………… 杨柳科 Salicaceae
            7. 花为头状花序，或隐藏于囊状花托的内壁上而成一隐头花序。
              8. 乔木或灌木，有乳汁；叶互生，很少对生；花隐藏于囊状花托的内壁上 ……………………………………………………………………… 桑科 Moraceae（*Ficus*）
              8. 乔木，无乳汁；叶对生，掌状分裂，叶柄基部扩大而包围着幼芽；花密集成单性的头状花序 ………………………………………………………… 悬铃木科 Platanaceae
        5. 子房 2 至多室。
          6. 胚珠在每一子房室内 1～2 颗。
            7. 植物有乳汁；花为大戟花序，即花序由 1 雌花和无数具一雄蕊及一花柄的雄花同生于一总苞内所成，总苞边缘常有肉质腺体 ……………………… 大戟科 Euphorbiaceae
            7. 植物无乳汁；雄花为柔荑花序或柔弱的穗状花序。
              8. 果为一坚果，有一杯状总苞或果藏于总苞内 …………………… 山毛榉科 Fagaceae
              8. 果为球状果，有覆瓦状的鳞片 ………………………………………… 桦木科 Betulaceae
          6. 胚珠在每一子房室内数颗；乔木；叶通常 3 裂；果为一圆头状、有刺的干果 ……………………………………………… 金缕梅科 Hamamelidaceae（*Liquidambar*）

4. 叶无托叶。
5. 乔木或灌木。
6. 叶为单叶。
7. 植物有乳汁；花为大戟花序 …………………………………………… 大戟科 Euphorbiaceae
7. 植物无乳汁；花非大戟花序。
8. 花为稠密的穗状花序；花药纵裂 …………………………………… 杨梅科 Myricaceae
8. 花为伞形花序或花束；花药盖裂 ……………………………………… 樟科 Lauraceae
6. 叶为羽状复叶；花为穗状或柔荑花序；小坚果有翅或有翅状的苞片 …… 胡桃科 Juglandaceae
5. 草本，有时基部木质。
6. 子房 1 室。
7. 沉水草本；有轮生、线状分裂的叶 ……………………………… 金鱼藻科 Ceratophyllaceae
7. 陆生草本；叶与上不同。
8. 花极小，单性或两性，通常为稠密的穗状花序；果为一核果 ………… 胡椒科 Piperaceae
8. 花较大，非核果。
9. 花单性，雌花腋生，雄花为顶生的穗状花序或圆锥花序；果为一胞果 ……………
…………………………………………………………………………… 藜科 Chenopodiaceae
9. 花两性，为与叶对生的总状花序；顶叶在开花时变为白色 …… 三百草科 Saururaceae
6. 子房 2～4 室。
7. 子房 2～3 室；花极退化，常为大戟花序……………………………… 大戟科 Euphorbiaceae
7. 子房 4 室；水生草木，有极小的单性花；花柱 2 枚，雄蕊 1 枚…… 水马齿科 Callitrichaceae
3. 全部的花或雄花有花萼；花萼有时极小，或花瓣状或管状。（对应性状见 128 页）
4. 花（最低限度是雌花）为一个圆球状的头状花序或稠密的惠状花序，或隐藏于一中空花托的内壁上；木本。
5. 果干燥。
6. 枝节为托叶鞘所围绕；果为一小坚果 …………………………………… 悬铃木科 Platanaceae
6. 托叶非鞘状；果为一蒴果 ………………………… 金缕梅科 Hamamelidaceae（*Liquidambar*）
5. 果为一肉质的多花果或瘦果，隐藏于一肉质、中空的花托内 ……………………… 桑科 Moraceae
4. 花不为圆球状的头状花序，除非是草木。
5. 子房上位。（对应性状见 131 页）
6. 子房室或子房（指单心皮的）有胚珠 1～2 颗。（对应性状见 131 页）
7. 托叶鞘状围绕茎之节部 ………………………………………………………… 蓼科 Polygonaceae
7. 托叶不是鞘状或无托叶。
8. 灌木或乔木。（对应性状见 130 页）
9. 叶互生。
10. 子房 1 室。
11. 花萼花冠状，有颜色，在花芽时为管状，分裂或不分裂。
12. 花为腋生的总状花序或球状花束，无总苞；萼开裂，裂片最后外卷；乔木
…………………………………………………………………………… 山龙眼科 Proteaceae
12. 花通常 3 朵，为 3 片有颜色的总苞片所包围；有刺藤灌木 …………………
……………………………………………… 紫茉莉科 Nyctaginaceae（*Bougainvillea*）
11. 花萼非为花冠状，亦非管状。
12. 花药盖裂 ………………………………………………………………… 樟科 Lauraceae
12. 花药纵裂。

13. 子房有胚珠 2 颗；雄蕊在芽时直立；灌木或乔木…………………… 大戟科 Euphorbiaceae
13. 子房有胚珠 1 颗。
14. 花柱或柱头 2；雄蕊在花芽时直立；灌木或小乔木 ……………………… 榆科 Ulmaceae
14. 花柱 1 枚；雄蕊在芽时内弯；草木或亚灌木 ……………………… 荨麻科 Urticaceae
10. 子房 2 室或多室。
11. 叶为羽状复叶；乔木；花杂性；果为核果状，外皮有小瘤状突起；种子有白色的假种皮 ……………………………………………………………… 无患子科 Sapindaceae（*Litchi*）
11. 叶为单叶。
12. 花萼钟形，花瓣状；雄蕊 10 枚；果为一木质、压扁的蒴果；乔木 …………………… …………………………………………………………… 瑞香科 Thymelaeaceae（*Aquilaria*）
12. 花萼非花瓣状。
13. 雄蕊与萼片同数且与彼等互生；灌木 ………………… 鼠李科 Rhamnaceae（*Rhamnus*）
13. 雄蕊多于或少于萼片，若同数时则与彼等对生。
14. 胚胎极小，短于胚乳 4～6 倍；灌木；雌雄花异株；子房不完全 2 室，每室有胚珠两颗；果为一浆果…………………………… 交让木科（虎皮楠科）Daphniphyllaceae
14. 胚胎稍大，比胚乳略短；性状种种；雌雄花同株或异株；子房通常 3 室，每室有胚珠 1～2 颗；果为一蒴果、核果或浆果 ……………………… 大戟科 Euphorbiaceae
9. 叶对生或轮生。
10. 叶为羽状复叶；果为一翅果；乔木…………………………………… 木犀科 Oleaceae（*Fraxinus*）
10. 叶为单叶；果非翅果。
11. 叶基部强 3 脉；花药 4 室，盖裂；萼杯状；乔木 ………… 樟科 Lauraceae（*Cinnamomum*）
11. 叶基部 1 脉；花药纵裂。
12. 叶 3～4 枚轮生 ………………………………………… 山龙眼科 Proteaceae（*Macadamia*）
12. 叶对生。
13. 子房通常 3 室，每室有胚珠 2 颗；花单性；萼小；果为一蒴果 ……… 黄杨科 Buxaceae
13. 子房 1 室，每室有胚珠 1 颗；花两性；萼管状，似花瓣；果肉质 …………………… ………………………………………………… 瑞香科 Thymelaeaceae（*Wikstroemia*）
8. 草本，有时基部木质。（对应性状见 128 页）
9. 沉水草本；叶轮生；线状分裂 ……………………………………………… 金鱼藻科 Ceratophyllaceae
9. 非沉水植物。
10. 无叶，寄生，草质藤木；花药盖裂 ……………………………… 樟科 Lauraceae（*Cassytha*）
10. 非寄生草本。
11. 萼为一长管，花瓣状，红色或黄色，在子房顶收缩…… 紫茉莉科 Nyctaginaceae（*Mirabilis*）
11. 萼小，非管状。
12. 柱头或花柱 1 枚。
13. 花两性；果为一胞果，有腺体；叶对生 ………… 紫茉莉科 Nyctaginaceae（*Boerhavia*）
13. 花单性；果为一瘦果，无腺体；叶对生或互生 ……………………… 荨麻科 Urticaceae
12. 柱头或花柱 2～3 枚或更多。
13. 果为一瘦果。
14. 藤本；叶分裂 ……………………………………………………… 大麻科 Cannabinaceae
14. 直立草本；叶不分裂 ………………………………………… 桑科 Moraceae（*Fatoua*）
13. 果非瘦果。
14. 子房 1 室。

15. 果肉质，包藏于花被内；花被有颜色，多少合生成一个5裂的管；肉质藤本 ………………………………………………………… 落葵科 Basellaceae
15. 果干燥，开裂或不开裂。
16. 花有干膜质的苞片和花被；果盖裂或不开裂 ……… 苋科 Amaranthaceae
16. 花无苞片；花被非干膜质；果常为一胞果，不开裂 …………………… ……………………………………………………………… 藜科 Chenopodiaceae
14. 子房通常3室，果为一蒴果 ……………………………… 大戟科 Euphorbiaceae
6. 子房室或子房（指单心皮）有胚珠数颗。（对应性状见129页）
7. 子房1室，有侧膜胎座2～3（～6）个；乔木或灌木。
8. 花通常单性异株；雄蕊极多数，生于子房之下；叶无腺体 ……………………………… ……………………………………………………… 大风子科 Flacourtiaceae（*Xylosma*）
8. 花两性；雄蕊6～15枚，周位；叶有圆形或长椭圆形、赤色、透明的腺体 ……………… ……………………………………………………… 天料木科 Samydaceae（*Casearia*）
7. 子房2室至多室。
8. 草本；雄蕊分离。
9. 果为一短角果，侧向压扁 ……………………………… 十字花科 Cruciferae（*Lepidium*）
9. 果为一蒴果，近球形。
10. 花柱1枚 ……………………………………… 千屈菜科 Lythraceae（*Rotala* ect.）
10. 花柱3～5枚 …………………………………………………… 粟米草科 Molluginaceae
8. 木本；雄蕊合生成一柱；果为一蒴果或蓇葖果 ……………………………… 梧桐科 Sterculiaceae
5. 子房下位或半下位。（对应性状见129页）
6. 灌木或乔木。
7. 叶为羽状复叶；花单性，为穗状花序或柔荑花序；小坚果有翅或有翅状的苞叶 …………… ……………………………………………………………………… 胡桃科 Juglandaceae
7. 叶为单叶或退化为鳞片。
8. 叶和幼枝有盾状或星状的鳞片；花萼管状，似花瓣；灌木 …………… 胡颓子科 Elaeagnaceae
8. 叶和幼枝无鳞片。
9. 乔木或直立灌木。
10. 叶有托叶。
11. 子房1室，有胚珠1颗；果为1肉质的多花果 ………………………… 桑科 Moraceae
11. 子房3～6室，每室有胚珠2颗；果为1坚果，有总苞（即壳斗） ……………… ………………………………………………………………… 山毛榉科 Fagaceae
10. 叶无托叶；花为穗状花序或总状花序；果核果状 …………………………………… ……………………………………………………… 使君子科 Combretaceae（*Terminalia*）
9. 灌木，常寄生于其他植物上。
10. 胚珠单生；寄生植物；叶常退化 …………………… 桑寄生科 Loranthaceae（*Viscum*）
10. 胚珠2～3颗；半寄生藤状灌木 …………………… 檀香科 Santalaceae（*Dendrotrophe*）
6. 草本或亚灌木。
7. 陆生植物；叶全部相似。
8. 花为小头状花序或简单的伞形花序；匍匐草本 ………………………… 伞形花科 Umbelliferae
8. 花序与上不同。
9. 草本或亚灌木，有寻常叶；花大，单性，萼片常有颜色；果有翅…… 秋海棠科 Begoniaceae
9. 矮小草本，常寄生于其他植物之根上；叶鳞片状；花极小，两性，淡绿色；果为一球形

的核果 …………………………………………………………………… 檀香科 Santalaceae

7. 水生或沼生草本；叶常二形，沉水的羽状细裂，突出水面的苞片状或分裂，但非细裂 ……
…………………………………………………… 小二仙草科 Haloragaceae（*Myriophyllum*）

2. 离瓣花亚区 Choripetalae
（花萼和花冠具存，花瓣彼此分离）

1. 雌蕊 2 枚以上，彼此分离或仅于基部合生。
  2. 水生植物；叶盾形；心皮完全埋藏于扩大、海绵质的花托内 ……………… 睡莲科 Nymphaeaceae
  2. 陆生植物。
    3. 雄蕊多数，多于花瓣数之 2 倍。
      4. 雄蕊的花丝合生成一雄蕊柱或一球状体。
        5. 花两性；花被 2 列；直立植物 …………………………………………… 梧桐科 Sterculiaceae
        5. 花单性；花被数列；藤本 …………………………………………… 五味子科 Schisandraceae
      4. 雄蕊的花丝分离或仅于基部合生。
        5. 雄蕊着生于萼管上或花托管上 ………………………………………………… 蔷薇科 Rosaceae
        5. 雄蕊着生于花托上；萼管或花粉托不发达。
          6. 木本。
            7. 萼片与花瓣镊合状排列；果肉质；叶无托叶 …………………… 番荔枝科 Annonaceae
            7. 萼片与花瓣覆瓦状排列；果干燥；叶有托叶，但脱落 ………… 木兰科 Magnoliaceae
          6. 草本；果为一瘦果 ……………………………………………………… 毛茛科 Ranunculaceae
    3. 雄蕊少数，至多不超过花瓣数之 2 倍。
      4. 叶有透明的腺点 …………………………………………………………………… 芸香科 Rutaceae
      4. 叶无腺点。
        5. 叶为单叶。
          6. 叶对生。
            7. 心皮包裹于壶状花托内 ……………………………………………… 蜡梅科 Calycanthaceae
            7. 心皮生于平坦的花托上；萼片外面基部常有腺体 …………… 金虎尾科 Malpighiaceae
          6. 叶互生或基生。
            7. 花单性，极小，不明显；木本 ………………………………… 防己科 Menispermaceae
            7. 花两性，明显；草本 ………………………………………………… 虎耳草科 Saxifragaceae
        5. 叶为复叶。
          6. 果为一核果或翅果，不开裂；种子无假果皮；灌木或乔木 ……… 苦木科 Simaroubaceae
          6. 果为一蓇葖果；种子有假果皮；藤状灌木 ………………………… 牛栓藤科 Connaraceae
1. 雌蕊 1 枚，由单心皮或 2 个以上的合生心皮所成。
  2. 子房上位。（对应性状见 137 页）
    3. 雄蕊多数，多于花瓣数之 2 倍。（对应性状见 134 页）
      4. 萼片 2～3 枚。
        5. 叶为指状复叶；大乔木；花大，红色，直径 10 cm 以上 ……………… 木棉科 Bombacaceae
        5. 叶为单叶；花小，直径不及 6 cm。
          6. 果为一核果；乔木；叶为掌状脉 ……………………… 大戟科 Euphorbiaceae（*Aleurites*）
          6. 果为一蒴果；盖裂；肉质草本 ………………………………………… 马齿苋科 Portulacaceae
      4. 萼片 4～5 枚或更多。
        5. 叶为复叶，很少退化为扁平、叶状、绿色的叶状柄。

6. 叶为羽状复叶；子房无柄或具短柄；果为一荚果 ……………………………… 含羞草科 Mimosaceae
6. 叶为掌状复叶。
7. 叶为掌状3小叶；花小，子房有一长而柔弱的柄；果为一肉质浆果 …………………………
…………………………………………………………………… 白花菜科 Capparidaceae (*Crateva*)
7. 叶为掌状5～7小叶；花大，红色，直径10 cm以上，子房无柄；果为一蒴果 ………………
……………………………………………………………………………………… 木棉科 Bombacaceae
5. 叶为单叶，或很少有不规则深裂为条状裂片的。
6. 叶对生。
7. 萼片与花瓣通常6枚；果为一蒴果；种子上端有翅 …… 千屈菜科 Lythraceae (*Lagerstroemia*)
7. 萼片与花瓣通常4～5枚；果各式。
8. 花两性；果为一蒴果；叶常有腺点；灌木或草本 …………………… 金丝桃科 Hypericaceae
8. 花两性或杂性；果为一浆果或核果；灌木或乔木，常有黄色树液 ……… 山竹子科 Guttiferae
6. 叶互生。
7. 雄蕊着生于萼管上（即周位）；果为一核果；乔木 ……………………………… 蔷薇科 Rosaceae
7. 雄蕊非着生于萼管上（即下位）。
8. 花丝基部或全部合生成一管（即单体雄蕊）。
9. 花药2室 ……………………………………………………………………… 梧桐科 Sterculiaceae
9. 花药1室 ………………………………………………………………………… 锦葵科 Malvaceae
8. 花丝分离或有时合生成数束，非单体。
9. 花单性。
10. 胚珠在每一子房室内1～2颗 ……………………………………… 大戟科 Euphorbiaceae
10. 胚在每一子房室内数颗 ………………………………………… 山茶科 Theaceae (*Eurya*)
9. 花两性。
10. 子房生于一长柄上；萼片与花瓣均4枚 ………… 白花菜科 Capparidaceae (*Capparis*)
10. 子房无柄或近无柄。
11. 草本；花左右对称 ……………………………… 毛茛科 Ranunculaceae (*Delphinium*)
11. 木本。
12. 藤本；果为小蓇葖果 ………………………………………………… 五桠果科 Dilleniaceae
12. 直立灌木或乔木。
13. 子房1室。
14. 花大而美丽；果为一有刺的大蒴果；叶大，掌状脉 ………… 红木科 Bixaceae
14. 花小，为总状花序；果为无刺的小浆果；叶中等大，羽状脉 ………………
……………………………………………… 大风子科 Flacourtiaceae (*Scolopia*)
13. 子房多于1室；果无刺或有刺；叶为羽状脉。
14. 叶有透明的腺点；柑果 ………………………………………… 芸香科 Rutaceae
14. 叶无腺点；若有腺点时，果为蒴果。
15. 萼片镊合状排列。
16. 花瓣有颜色，薄，全缘或近全缘，覆瓦状或旋转状排列；花药球形或矩圆形，纵列；草本或木本 ……………………………… 椴树科 Tiliaceae
16. 花瓣萼状，通常撕列状或有齿缺，镊合状或覆瓦状排列；花药条形，顶孔开裂；木本 ……………………………………… 杜英科 Elaeocarpaceae
15. 萼片覆瓦状排列，话通常大而美丽 ………………………… 山茶科 Theaceae

3. 雄蕊少数，不超过花瓣数之 2 倍或等于 2 倍。（对应性状见 132 页）
4. 叶为单叶。（对应性状见 136 页）
5. 藤本，有卷须。
6. 花中等大，单生，两性，有副花冠（即花冠与雄蕊间的条状体）；子房 1 室，有胚珠多颗 …………………………………………………………………… 西番莲科 Passifloraceae
6. 花小，多数，常为单性，无副花冠；子房 2 室以上，有胚珠数颗…………… 葡萄科 Vitaceae
5. 灌木、乔木或藤本，但无卷须。（对应性状见 135 页）
6. 叶对生或轮生。
7. 花冠左右对称；雄蕊 10 枚，分离；子房 5 室；果成熟时心皮各自由中轴分离 ………… …………………………………………………………………… 牻牛儿苗科 Geraniaceae
7. 花冠辐射对称或近辐射对称。
8. 叶有纵脉 3～9 条；花药孔裂 ……………………………… 野牡丹科 Melastomataceae
8. 叶脉与上不同。
9. 叶有透明腺点 ……………………………………… 芸香科 Rutaceae（*Acronychia*）
9. 叶无透明腺点。
10. 雄蕊为花瓣数的 2 倍，8～12 枚，有时 4 枚。
11. 花 5 数；萼外面常有大腺体；子房 3 室或 3 裂；花柱 3 枚；果为一翅果、核果或蒴果………………………………………………… 金虎尾科 Malpighiaceae
11. 花 4 数或 6 数；子房 2～6 室，每室有胚珠多颗；果为一蒴果；植物有刺或无刺 ……………………………………………………… 千屈菜科 Lythraceae
10. 雄蕊与花瓣同数，4～6 枚。
11. 雄蕊与花瓣对生 ……………………………… 鼠李科 Rhamnaceae（*Sageretia*）
11. 雄蕊与花瓣互生。
12. 子房室有胚珠 2 颗；花柱 1 枚，短；果为一蒴果，3～5 角形，3～5 裂；种子有肉质假种皮……………………………… 卫矛科 Celastraceae（*Evonymus*）
12. 子房室有胚珠 6～8 颗；花柱 3 枚；果肉质，球形，不开裂；种子无假种皮 …………………………………………………………… 省沽油科 Staphyleaceae
6. 叶互生。
7. 子房 1 室。
8. 花左右对称或略左右对称。
9. 花瓣 5 枚，略左右对称，覆瓦状排列，其最上 1 枚（即向轴 1 枚）最内，其他的在外……………………………………………………………… 苏木科 Caesalpiniaceae
9. 花瓣 5 枚，左右对称，蝶形，其最上 1 枚（即向轴 1 枚）最外，名为旗瓣，侧面 2 枚名为翼瓣，最下或最内 2 枚的下边缘合生名为龙骨瓣 …… 蝶形花科 Papilionaceae
8. 花辐射对称。
9. 叶极小，鳞片状；花小 ……………………………………………… 柽柳科 Tamaricaceae
9. 叶非鳞片状。
10. 攀缘植物；花单性。
11. 叶柄盾状着生；花药 6 枚，合生，环绕着雄蕊之顶；胚珠 2 颗，但只有 1 颗发育；果为一核果，内果皮马蹄形，背有小凸瘤 …………………………………… ……………………………………… 防己科 Menispermaceae（*Stephania*）
11. 叶柄基部着生；雄蕊分离且和花瓣对生；胚珠多数生于特立中央胎座上；果为一小浆果 ……………………………………… 紫金牛科 Myrsinaceae（*Embelia*）

10. 直立亚灌木或乔木；花两性或单性。
11. 胚珠无数，着生于子房的内壁上；果大，肉质；软木质乔木；叶大，掌状分裂 ………………………………………………………………………… 番木瓜科 Caricaceae
11. 胚珠1～2颗；果为一核果或蒴果；硬木质乔木或亚灌木；叶小，不分裂。
12. 乔木；雄蕊1～5枚，通常1～2枚发育；果大，肉质 ……………………………………………………………………… 漆树科 Anacardiaceae (*Mangifera*)
12. 亚灌木；雄蕊5枚，花丝合生成一管；果小，为一蒴果 ……………………………………………………………………… 梧桐科 Sterculiaceae (*Waltheria*)
7. 子房2至多室。
8. 叶有透明腺点 ………………………………………………………… 芸香科 Rutaceae (*Glycosmis*)
8. 叶无透明腺点。
9. 子房由5个心皮合成，与具花柱的中轴合生，基部有裂痕，成熟时每一心皮由基部向上裂开，有种子1颗 ……………………………………………………… 牻牛儿苗科 Geraniaceae
9. 子房的构造与上不同。
10. 花萼管发达，萼片、花瓣和雄蕊着生于其边缘；果为一长圆锥形的蒴果，成熟时分裂为2果瓣 ………………………………………………………………… 鼠刺科 Escalloniaceae
10. 花萼管不发达。
11. 花丝合生成一管；果为一蒴果；亚灌木 …………… 梧桐科 Sterculiaceae (*Melochia*)
11. 花丝分离。
12. 叶为掌状脉或掌状分裂；花单性 ………… 大戟科 Euphorbiaceae (*Jatropha* etc.)
12. 叶为羽状脉。
13. 胚珠在每一子房室内多颗；果为一蒴果 ……………… 海桐花科 Pittosporaceae
13. 胚珠在每一子房室内1～2颗。
14. 雄蕊与花瓣对生；果通常为一核果 ……………………… 鼠李科 Rhamnaceae
14. 雄蕊与花瓣互生。
15. 果为一蒴果；种子有红色或橙色的假种皮；花盘极明显 ……………………………………………………………………… 卫矛科 Celastraceae (*Celastrus*)
15. 果为一核果；种子无假种皮。
16. 叶有托叶；花盘极明显；单性 ……… 大戟科 Euphorbiaceae (*Bridelia*)
16. 叶无托叶；花盘缺；花杂性 …………………………… 冬青科 Aquifoliaceae
5. 草本。(对应性状见134页)
6. 雄蕊4长2短或2长2短；萼片与花瓣均4枚 ……………………………… 十字花科 Cruciferae
6. 雄蕊与上不同。
7. 花左右对称。
8. 叶盾状，掌状脉；雄蕊8枚，分离；子房3室，每室有胚珠1颗 … 金莲花科 Tropaeolaceae
8. 叶非盾状。
9. 子房2～5室。
10. 子房2室；最下1枚花瓣龙骨状而顶端有裂冠状突起；花药8～10枚，顶孔开裂；果为一个2瓣裂、具2种子的蒴果 ……………………………… 远志科 Polygalaceae
10. 子房5室。
11. 雄蕊10枚，分离；心皮成熟时各自由中轴分离；有种子1颗 ……………………………………………………………………… 牻牛儿苗科 Geraniaceae
11. 雄蕊5枚，合生；果为一弹裂的蒴果，开裂时将种子弹出 ……………………

………………………………………………………………… 凤仙花科 Balsaminaceae

9. 子房1室。

10. 花为蝶形花冠，有旗瓣、翼瓣和龙骨瓣之分；子房为边缘胎座；果为一荚果 ……
………………………………………………………………… 蝶形花科 Papilionaceae

10. 花非蝶形花冠；子房有3个侧膜胎座；果为一蒴果，3裂 ………… 堇菜科 Violaceae

7. 花辐射对称。

8. 叶对生或轮生。

9. 萼片2枚；叶肉质 ………………………………………………… 马齿苋科 Portulacaceae

9. 萼片2～5枚；叶非肉质。

10. 叶有纵脉3～9条；花药孔裂 ……………………………… 野牡丹科 Melastomataceae

10. 叶脉与上不同。

11. 花柱2～5枚。

12. 萼片分离；托叶小，成对；子房2～5室，有中轴胎座 …… 沟繁缕科 Elatinaceae

12. 萼常合生成一管；托叶缺；子房一室，有特立中央胎座 ……………………
………………………………………………………………… 石竹科 Caryophyllaceae

11. 花柱1枚；萼合生成一短管；托叶缺 ………… 千屈菜科 Lythraceae（*Rotala* etc.）

8. 叶互生或基生。

9. 叶变态成一捕捉昆虫的器官，有具腺的触毛；子房1室，有侧膜胎座；花柱2～5枚
………………………………………………………………… 茅膏菜科 Droseraceae

9. 叶与上不同。

10. 花丝基部合生成1管 ……………………………… 梧桐科 Sterculiaceae（*Waltheria*）

10. 花丝分离或近分离 ……………………………… 椴树科 Tiliaceae（*Corchorus* etc.）

4. 叶为复叶。(对应性状见134页)

5. 花左右对称或略左右对称。

6. 子房1室；果为一荚果或蒴果。

7. 花瓣4，2列（2大，2小）；萼片小，2枚 …………………………… 紫堇科 Fumariaceae

7. 花瓣5，与上不同。

8. 胎座3；发育雄蕊5枚，与同数的退化雄蕊互生 …………………… 辣木科 Moringaceae

8. 胎座1。

9. 花左右对称，碟形花冠，最上或向轴1枚花瓣在外名为旗瓣，侧生2枚为翼瓣，最下或最内2枚为龙骨瓣；形状种种 ………………………………… 蝶形花科 Papilionaceae

9. 花略左右对称，花瓣覆瓦状排列，最上1枚最内，其他4枚在外；形状种种 ………
………………………………………………………………… 苏木科 Caesalpiniaceae

6. 子房3室，果为一肿胀、纸质的蒴果；花瓣4枚，不等大；草质藤木，有卷须；叶为2回3小叶 ……………………………………………………………… 无患子科 Sapindaceae

5. 花辐射对称。

6. 草质或木质藤木，有卷须；花小，两性或单性。有雄蕊4～5枚；果为一浆果 ………………
………………………………………………………………………… 葡萄科 Vitaceae

6. 草本、灌木或乔木，无卷须。

7. 叶为掌状3～7小叶。

8. 草本。

9. 叶有小叶三枚，互生或基生；小叶先端钝而凹入 ……………………………………
……………………………………………………… 酢浆草科 Oxalidaceae（*Oxalis*）

9. 叶有小叶5～7枚；直立、分枝、常有腐味的草本；子房有长柄 ……………………………………………………………………………… 白花菜科 Capparidaceae

8. 灌木和小乔木。

9. 叶有透明腺点 ……………………………………………… 芸香科 Rutaceae（*Evodia* etc.）

9. 叶无透明腺点；雄蕊合生 ……………………………………………………… 楝科 Meliaceae

7. 叶为羽状复叶。

8. 叶有透明腺点 …………………………………………………………………… 芸香科 Rutaceae

8. 叶无透明腺点。

9. 花丝全部合生成1管，花药生于管顶或管内 ………………………………… 楝科 Meliaceae

9. 花丝分离或仅于基部合生。

10. 萼片和花瓣通常为2至数轮的覆瓦状排列；花药盖裂 ………… 小檗科 Berberidaceae

10. 萼片和花瓣通常1轮；花药纵裂。

11. 子房5室或5室以上，每室有胚珠数颗。

12. 雄蕊10枚，为花瓣数之2倍。

13. 灌木或小乔木；花为圆锥花序式的聚伞花序；果为一肉质的浆果，5棱 ……………………………………………… 酢浆草科 Oxalidaceae（*Averrhoa*）

13. 蔓生草本，花单生叶腋；果干燥，5角形，由5～12个、有刺的分果瓣组成 ……………………………………………………………… 蒺藜科 Zygophyllaceae

12. 雄蕊和花瓣同数，4～6枚，果为一蒴果；种子有翅 …………… 楝科 Meliaceae

11. 子房1～5室，每室有胚珠1～多颗。

12. 胚珠在每1子房室内2～多颗。

13. 子房2～3室，果为一核果；木材有树脂 ………………… 橄榄科 Burseraceae

13. 子房1室。

14. 果为蓇葖果；种子有假皮，木材无树脂 …………… 牛栓藤科 Connaraceae

14. 果为荚果，种子无假种皮 ……………………………… 含羞草科 Mimosaceae

12. 胚珠在每1子房室内1颗。

13. 子房2～5室

14. 子房4～5室；花柱4～5枚，种子无假种皮 ……………………………………………………………… 漆树科 Anacardiaceae（*Dracontomelon* etc.）

14. 子房2～4室；花柱4～5枚，种子有或无假种皮 ……………………………………………………………… 无患子科 sapindaceae（*Sapindus*）

13. 子房1室；花柱3枚；核果小；木材有树脂 ……………………………………………………………… 漆树科 Anacardiaceae（*Rhus* etc.）

2. 子房下位或半下位。（对应性状见132页）

3. 雄蕊多数，多于花瓣数之2倍。

4. 肉质、绿色、无叶、通常有刺植物；径扁平、球形或圆柱形，常有节；花萼与花瓣多数，不易区别 ……………………………………………………………… 仙人掌科 Cactaceae

4. 性状与上不同，有寻常叶；萼片和花瓣有，易区别。

5. 叶互生。

6. 花柱1枚，叶有透明腺点，揉之有香气；花萼与花瓣合生或分离 ……………………………………………………… 桃金娘科 Myrtaceae（*Eucalyptus* etc.）

6. 花柱多于1枚；叶无透明腺点；花萼与花冠分离。

7. 肉质草本或亚灌木，有阔而偏斜的叶；花单性；花瓣2～5片；花柱2～5枚；果为一

有翅的蒴果 ………………………………………………………………… 秋海棠科 Begoniaceae

7. 草本至乔木；花两性；花瓣 4～5 片：果非为蒴果，无翅 …………………… 蔷薇科 Rosaceae

5. 叶对生或近对生。

6. 叶无透明腺点；子房室上下叠；种子为肉瓤所包围；枝常有刺…………… 石榴科 Punicaceae

6. 叶有透明腺点；揉之有香气；子房室非上下叠；种子干燥 ……………… 桃金娘科 Myrtaceae

3. 雄蕊少数，少于花瓣数之 2 倍或等于 2 倍。

4. 寄生植物；雄蕊与花瓣对生；果肉质，不开裂……………………………… 桑寄生科 Loranthaceae

4. 非寄生植物；雄蕊与花瓣互生。

5. 叶互生或基生。

6. 藤本，有卷须 ………………………………………………………… 葫芦科 Cucurbitaceae

6. 草本、灌木或乔木，无卷须。

7. 萼片明显，4～5 枚。

8. 胚珠在每一子房室内多数 ……………………………………… 柳叶菜科 Onagraceae

8. 胚珠在每一子房室内 1 颗。

9. 水生或沼生草本。

10. 浮水草本；叶大，菱形，旋叠状，叶柄肿胀；花稍大，明显；果大，革质，有角 ………………………………………………………………………… 菱科 Trapaceae

10. 沉水或沼生草本；叶突出水面的极小，苞片状或有时齿状或分裂；花小而不明显，腋生，无柄；果极小 …………… 小二仙草科 Haloragaceae（*Myriophyllum*）

9. 陆生植物。

10. 叶为单叶；萼管无刺；花柱 4 枚 ………………………… 小二仙草科 Haloragaceae

10. 叶为间断的羽状复叶，萼管有钩刺；花柱 2 枚…… 蔷薇科 Rosaceae（*Agrimonia*）

7. 萼齿微小或缺；胚珠在每一子房室内 1 颗。

8. 草本；叶为单叶、分裂或复叶；花为伞形花序；子房 2 室，花柱 2 枚；果为一干果，成熟时分裂为 2 个不开裂的心皮 ……………………………… 伞形花科 Umbelliferae

8. 木本。

9. 花为伞形花序；花瓣非舌状；子房 2 至多室；果为一浆果或核果；叶通常为复叶 ………………………………………………………………………… 五加科 Araliaceae

9. 花为丛生花序或聚伞花序；花瓣舌状，外卷；子房 2 室；叶为单叶，常偏斜；果为一核果 ………………………………………………………… 八角枫科 Alangiaceae

5. 叶对生或轮生。

6. 沉水植物；叶细裂为羽毛状裂片；花柱 4 枚…… 小二仙草科 Haloragaceae（*Myriophyllum*）

6. 陆生植物。

7. 胚珠在每一子房室内多于 2 颗。

8. 萼片 2 枚；植物肉质 ……………………………………………… 马齿苋科 Portulacaceae

8. 萼片多于 2 枚。

9. 叶有纵脉 3～9 条；药室顶孔开裂 ………………………… 野牡丹科 Melastomataceae

9. 叶脉与上不同。

10. 叶条形，有透明腺点；矮小灌木 ………………… 桃金娘科 Myrtaceae（*Baeckea*）

10. 叶阔，无腺点。

11. 雄蕊与花瓣同数且与彼等对生 ………………………………… 鼠李科 Rhamnaceae

11. 雄蕊不与花瓣同数，若同数时互生。

12. 藤状灌木；萼管延伸于子房上成 1 长管，有颜色；果有翅 …………………

……………………………………… 使君子科 Combretaceae（*Quisqualis*）

12. 直立灌木或小乔木；萼管短，约与子房等长；果无翅。

13. 子房 1 室，有特立中央胎座；花柱单生；果为一浆果；叶革质 …………
……………………………………… 野牡丹科 Melastomataceae（*Memecylon*）

13. 子房 2～4 室，有中轴胎座；花柱 2～5 裂；果为一蒴果；叶纸质
……………………………………… 绣球花科 Hydrangeaceae（*Hydrangea*）

7. 胚珠在每一子房室内 1～2 颗。

8. 胚珠在每一子房室内 2 颗；灌木或乔木……………………………… 红树科 Rhizophoraceae

8. 胚珠在每一子房室内 1 颗；草本…………………… 小二仙草科 Haloragaceae（*Haloragis*）

3. 合瓣花亚区 Gamopetalae
（花萼、花瓣具存，花瓣多少合生）

1. 子房上位。（对应性状见 141 页）

2. 雄蕊多于花冠裂片。

3. 雌蕊 4～5 枚，分离；雄蕊为花冠裂片数之 2 倍；肉质植物 ……………… 景天科 Crassulaceae

3. 雌蕊 1 枚。

4. 子房 1 室。

5. 果为一荚果。

6. 花辐射对称；花瓣镊合状排列；叶通常为 2 回羽状复叶，很少退化为扁平的叶状柄；花常聚合成头状 ……………………………………………… 含羞草科 Mimosaceae

6. 花稍左右对称；花瓣覆瓦状排列，最上 1 枚最内，其他的在外；叶为 1 回或 2 回羽状复叶，很少为单叶 ……………………………………………… 苏木科 Caesalpiniaceae

6. 花左右对称，蝶形，其最上 1 枚在最外，名为旗瓣，侧生的名为翼瓣，最内的名为龙骨瓣；叶为单叶、掌状复叶或羽状复叶 ……………………… 蝶形花科 Papilionaceae

5. 果肉质，有 5 个侧膜胎座，叶大，掌状分裂 ……………………… 番木瓜科 Caricaceae

4. 子房 2 至多室。

5. 花左右对称；子房 2 室，每室有胚珠 1 颗；果为一蒴果；草本 ……… 远志科 Polygalaceae

5. 花辐射对称；子房 2 至多室，每室有胚珠 2 颗以上。

6. 花柱多于 1 枚。

7. 花瓣多少合生；果干燥，花通常两性 ……………………… 山茶科 Theaceae

7. 花丝分离；果为一浆果；花杂性 ……………………………… 柿科 Ebenaceae

6. 花柱 1 枚。

7. 雄蕊着生于花冠上；花药纵裂；子房基部 3～5 室，上部 1 室 ………………
……………………………………………… 安息香科 Styracaceae

7. 雄蕊与花冠分离；花药顶孔开裂；子房 5 室 ……………… 杜鹃花科 Ericaceae

2. 雄蕊与花冠裂片同数或较少。

3. 藤本，有卷须。

4. 果为一浆果；花小，不显著，辐射对称 ……………………… 葡萄科 Vitaceae

4. 果为一蒴果；花大，美丽，左右对称 ………………………… 紫葳科 Bignoniaceae

3. 直立植物，倘为藤状时无卷须。

4. 雄蕊与花冠裂片同数且与它们对生。

5. 花柱 5 枚；子房 1 室，有胚珠 1 颗；果干燥 …………… 白花丹科（蓝雪科）Primulaceae

5. 花柱 1 枚。

6. 草本；果干燥；子房1室，有胚珠多颗 …………………………………… 报春花科 Primulaceae
6. 木本；果肉质。
7. 子房2至多室，每室有胚珠1颗；花冠裂片基部常有小的附属体；植物常有乳汁；叶无斑点 ……………………………………………………………… 山榄科（人心果科）Sapotaceae
7. 子房1室，每室有胚珠多颗；花无附属体；植物无乳汁；叶常有腺点 ……………………………………………………………………………………………… 紫金牛科 Myrsinaceae
4. 雄蕊与花冠裂片同数，且与它们互生或更少。
5. 心皮分离或基部分离而顶部则为花柱所连接。
6. 木本，稀草本，有乳汁；叶对生或轮生，稀互生；胚珠在每1心皮内2颗以上。
7. 花柱合生；雄蕊分离；花粉粉状；灌木、乔木或木质藤本 …………… 夹竹桃科 Apocynaceae
7. 花柱分离，但柱头合生；雄蕊通常合生；花粉结成块状；草本或藤本 ……………………………………………………………………………………………… 萝藦科 Asclepiadaceae
6. 匍匐草本，无乳汁；叶互生；胚珠在每1心皮内1颗；果为一蒴果 ……………………………………………………………………………… 旋花科 Convolvulaceae（*Dichondra*）
5. 心皮完全合生。
6. 子房1室或有时因胎座突伸于子房腔内而为不完全的2～4室。
7. 花左右对称。
8. 水生草本，有囊状的叶，或纤弱、不分枝、无叶或近无叶的草本，生在湿地上 ……………………………………………………………………………………… 狸藻科 Lentibulariaceae
8. 陆生草本或亚灌木，有阔叶 …………………………………………………… 苦苣薹科 Gesneriaceae
7. 花辐射对称或近辐射对称。
8. 有刺灌木；叶为羽状复叶。触之即下垂；花集合成一头状花序 ……………………………………………………………………………… 含羞草科 Mimosaceae（*Mimosa*）
8. 草本或灌木，无刺；叶为单叶。
9. 陆生植物；叶对生。
10. 草本；花冠管状或轮状；果为蒴果 …………………………………… 龙胆科 Gentianaceae
10. 灌木，常攀缘状；花冠近漏斗形；蒴果有刺 ……………………………………………………………………… 夹竹桃科 Apocynaceae（*Allamanda*）
9. 浮水植物；叶对生或花下的互生，圆形 ………… 莕菜科 Menyanthaceae（*Nymphoides*）
6. 子房2至多室。
7. 果为4个、具一种子的小坚果或小核果所成，或为一多少具有裂痕的核果而有骨质的种子（若果为肉质时则花冠左右对称）。
8. 发育雄蕊5枚；花冠辐射对称；花通常为蝎尾状的聚伞花序或间有为伞房花序或圆锥花序的；叶互生 ……………………………………………………………… 紫草科 Boraginaceae
8. 发育雄蕊4或2枚；花冠通常左右对称；花序非蝎尾状；叶对生或轮生。
9. 子房全缘，花柱顶生 ……………………………………………………… 马鞭草科 Verbenaceae
9. 子房四裂，花柱由裂片间上举；茎常为四棱形 ………………………… 唇形科 Labiatae
7. 果为蒴果或为肉质果（若果为肉质时花冠通常辐射对称）。
8. 发育雄蕊少于花冠裂片之数。
9. 蒴果长约2 cm，有槽纹和被毛，具短喙；种子淡黄色或黑色，扁平，倒卵形；一年生草本；花白色或粉红色 …………………………………………………… 胡麻科 Pedaliaceae
9. 果和种子与上不同。
10. 叶互生；中轴胎座。

11. 胚珠在每一子房室内1～2颗；藤本………… 木犀科 Oleaceae（*Jasminum*）
11. 胚珠在每1子房室内多颗。
12. 花冠裂片在花芽时镊合状排列或折叠状；花药孔裂或纵裂；植物揉之常有腐败气味 …………………………………………………… 茄科 Solanaceae
12. 花冠裂片在花芽时为覆瓦状排列；花药纵裂；植物揉之无腐败气味 ……………………………………………………………… 玄参科 Scrophulariaceae
10. 叶对生、轮生或基生。
11. 侧膜胎座；植物木质；种子有翅或扁平 ……………… 紫葳科 Bignoniaceae
11. 中轴胎座。
12. 花冠辐射对称；雄蕊通常2枚；灌木或小乔木 ………… 木犀科 Oleaceae
12. 花冠通左右对称（若辐射对称时为草本）；草本，少有木本的。
13. 蒴果由顶端弹裂，果瓣外弯；种子通常位于钩状体上 ……………………………………………………………………… 爵床科 Acanthaceae
13. 蒴果非弹裂，果瓣无钩状体…………………… 玄参科 Scrophulariaceae
8. 发育雄蕊与花冠裂片同数。
9. 无叶、缠绕寄生草本，通常有无柄的小花束；果为一横裂的蒴果 ………………………………………………………………… 旋花科 Convolvulaceae（*Cuscuta*）
9. 非寄生植物，有叶。
10. 叶对生或轮生。
11. 托叶具存，有时成一横线连接此对生叶；矮小草本或灌木，无乳汁；果为一蒴果或浆果 ………………………………………… 马钱科 Loganiaceae
11. 托叶缺。
12. 藤本，有乳汁；果为一浆果 ……… 夹竹桃科 Apocynaceae（*Melodinus*）
12. 直立亚灌木状草本，无乳汁；果为一蒴果 ……………………………………………………………… 玄参科 Scrophulariaceae（*Scoparia*）
10. 叶互生或基生。
11. 胚珠在每1子房室内数颗或多颗。
12. 草本，有基生叶；花细小，干膜质，为密集、延长的穗状花序；蒴果小，盖裂 ………………………………………… 车前科 Plantaginaceae
12. 花非干膜质，亦非穗状花序；果非盖裂。
13. 花柱2枚，分离；花冠裂片覆瓦状排列；果为一蒴果 ……………………………………………………………… 田基麻科 Hydrophyllaceae
13. 花柱合生；花冠裂片镊合状排列或折叠状；果为一浆果或蒴果 ……………………………………………………………………… 茄科 Solanaceae
11. 胚珠在每1子房室内1～2颗。
12. 灌木或乔木；花绿白色，常单性；果为一球形的核果 ……………………………………………………………………… 冬青科 Aquifoliaceae
12. 草质或木质藤本；花通常大，管状或漏斗状；果为一浆果或蒴果 ……………………………………………………………… 旋花科 Convolvulaceae
1. 子房下位或半下位。（对应性状见139页）
2. 藤本，有卷须 ……………………………………………… 葫芦科 Cucurbitaceae
2. 直立植物，若为藤状时无卷须。
3. 花药合成1管围绕着花柱。

4. 花聚合成1紧密的头状花序，有总苞，与花萼相似；花辐射对称或左右对称 ……………………………………………………………………………………………… 菊科 Compositae

4. 花分离，不为有总苞的头状花序。

5. 雄蕊2枚与花柱合生 ……………………………… 花柱草科（滴丝草科）Stylidiaceae

5. 雄蕊5枚，花丝分离……………………………… 半边莲科（山梗菜科）Lobeliaceae

3. 花药分离。

4. 雄蕊与花冠裂片同数或更少。

5. 雄蕊少于花冠裂片数；叶对生 …………………………………………… 败酱科 Valerianaceae

5. 雄蕊与花冠裂片同数。

6. 雄蕊与花冠裂片对生。

7. 寄生灌木 ………………………………………………………… 桑寄生科 Loranthaceae

7. 陆生灌木 ……………………………………………… 紫金牛科 Myrsinaceae（*Maesa*）

6. 雄蕊与花冠裂片互生。

7. 叶对生或轮生。

8. 叶对生，无托叶；花辐射对称或左右对称 …………………… 忍冬科 Caprifoliaceae

8. 叶对生或3枚轮生，有托叶，若多于3枚轮生时托叶与叶相似；花辐射对称 …………………………………………………………………………… 茜草科 Rubiaceae

7. 叶互生，无托叶；花冠辐射对称；果为一蒴果；草本 ………… 桔梗科 Campanulaceae

4. 雄蕊约为花冠裂片数之2倍或更多。

5. 雄蕊多数，10枚以上，子房下位 ……………………… 山矾科（灰木科）Symplocaceae

5. 雄蕊10枚；子房略下位 ……………………………………………… 安息香科 Styracaceae

（二）单子叶植物纲 Monocotyledoneae

大部分为多年生草本，有时为一年生，或为灌木或乔木；茎如能增粗，亦无年轮；叶通常有平行脉；花常3数。

1. 叶为棡棕型（即叶大而坚硬，掌状或羽状）；子房上位，3室而有胚珠3颗 ………… 棕榈科 Palmae

1. 叶非棕榈型；叶片非掌状或羽状。

2. 花被具存，通常2列，间有1列的，在内列的常为花瓣状，非鳞片状。（对应性状见144页）

3. 雌蕊数枚，分离，每1枚即代表1心皮；湿生或水生植物。

4. 花有苞片；花被裂片6枚，2列，内列的花瓣状 ……………………… 泽泻科 Alismataceae

4. 花无苞片。

5. 花被裂片通常2枚，很少1～3枚的，花瓣状；雄蕊6至多枚 ……………………………………………………………………… 水蕹科（田干草科）Aponogetonaceae

5. 花被裂片4枚；雄蕊4枚 ………………………………… 眼子菜科 Potamogetonaceae

3. 雌蕊1枚，由数心皮合成（心皮数可由胎座、花柱和柱头的数目显示）。

4. 子房上位。

5. 花被有花萼和花瓣之分，外列的绿色，内列的花瓣状，有时2列均干膜质，但不合生成一管。

6. 花为头状花序而极小，常为2至多枚总苞状的苞片所包围；花被稍透明。

7. 花两性；子房1室，有3个侧膜胎座或基部不完全的3室；胚珠多数或少数 …………………………………………………………………… 黄眼草科 Xyridaceae

7. 花单性同株；子房2～3室；胚珠单生而下垂 ………………… 谷精草科 Eriocaulaceae

6. 花非头状花序，亦无总苞状苞片，但往往藏于舟状或风帽状的苞片内或有颜色的叶内 …………………………………………………………… 鸭跖草科 Commelinaceae

5. 花被裂片近相似或全相似，1～2列，通常花瓣状而极明显，若合生时仅于基部合生成一管。
 6. 花为一伞形花序，生于花茎之顶，有膜质、佛焰苞状苞片；根状茎常为鳞茎；叶根生，条形 ……………………………………………………………………………… 石蒜科 Amaryllidaceae
 6. 花不为一伞形花序，若或近于伞形花序时，苞片非佛焰苞状。
  7. 水生植物；花常由叶鞘内抽出 ……………………………………………… 雨久花科 Pontederiaceae
  7. 陆生或湿生植物；花序非由叶鞘内抽出。
   8. 雄蕊多于1枚；花辐射对称。
    9. 花药通常2室；花多数两性。
     10. 植物非干生或稍干生；叶无纤维；花柱通常分离；花各式排列 …… 百合科 Liliaceae
     10. 植物干生；叶常具纤维，剑状或圆柱形，簇生于基茎或茎顶；花柱单生；花常为一大的圆锥花序 ………………………………………………… 龙舌兰科 Agavaceae
    9. 花药1室（因室的汇合）；花小，单性；茎攀缘状或披散，常有刺；叶脉3～5条，有网脉 …………………………………………………………………… 菝葜科 Smilacaceae
   8. 雄蕊1枚，着生于背轴的花被裂片的基部，花左右对称 ……………… 田葱科 Philydraceae
5. 花被萼状或干燥而为苞片状，通常极小；花小而不明显或排成肉穗花序，或植物为禾本状或莎草状。
 6. 花为肉穗花序，有佛焰苞 ………………………………………………………… 天南星科 Araceae
 6. 花非肉穗花序，无佛焰苞 ………………………………………………………… 灯心草科 Juncaceae
4. 子房下位或半下位。
 5. 发育雄蕊1枚（或2枚），其他的常变为花瓣状的假雄蕊，且比花被更为显。
  6. 雄蕊和花柱分离；子房不旋扭。
   7. 花药2室；萼片合生成一个佛焰苞状的管 …………………………………… 姜科 Zingiberaceae
   7. 花药1室，萼片分离或仅黏合。
    8. 胚珠每室多数；花大，长常达5 cm ……………………………………… 美人蕉科 Cannaceae
    8. 胚珠每室1颗；花小，长不及2 cm ……………………………………… 竹芋科 Marantaceae
  6. 雄蕊和花柱合生成一蕊柱；子房旋扭 ……………………………………………… 兰科 Orchidaceae
 5. 发育雄蕊3至多枚，无花瓣状假雄蕊。
  6. 沉水或浮水草本；胚珠遍布于子房的内壁上，或生于内侵的侧膜胎座上；花常单性；单生或雄花数朵生于佛焰苞内 ……………………………………………… 水鳖科 Hydrocharitaceae
  6. 陆生、附生或腐生植物；胚珠生于胎座上或子房的基部或顶部；花通常两性。
   7. 花被裂片2裂，外列的大小、形状或颜色和内列的有别。
    8. 花冠多少2唇形，顶截头状或各种的齿裂；植物通常高大，乔木状 …… 芭蕉科 Musaceae
    8. 花瓣3片相似；植物通常矮小。
     9. 雄蕊3枚；果为一蒴果；叶全缘。
      10. 矮小草本，常腐生；子房和果有翅 ……………………………… 水玉簪科 Burmanniaceae
      10. 稍大草本，非腐生；子房和果无翅 …………………………………… 鸢尾科 Iridaceae
     9. 雄蕊6枚；果为一离生或结合成球的浆果；叶缘有刺 ……………… 凤梨科 Bromeliaceae
   7. 花被裂片非明显的2列，全为花瓣状。
    8. 草质藤本；花小，不明显，单性 ………………………………………… 薯蓣科 Dioscoreaceae
    8. 植物非藤状；花两性或很少单性。
     9. 雄蕊3枚 ………………………………………………………………………… 鸢尾科 Iridaceae
     9. 雄蕊6枚。
      10. 子房半下位；草本矮小，有花茎；叶条形 ………… 百合科 Liliaceae（Ophiopogon）

10. 子房全下位。

11. 花单生或为伞形花序生于花茎之顶，有 1 至数枚佛焰状的苞片 ……………………………………………………………………………… 石蒜科 Amaryllidaceae

11. 花序与上不同，若近于伞形花序时，则密聚而无总苞状的苞片。

12. 花药背着；花单生或数朵为稠密的头状或穗状花序 ……………………………………………………………………………… 仙茅科 Hypoxidaceae

12. 花药丁字着生；花多朵，为硕大的圆锥花序或长而开展的总状花序式的穗状花序 ……………………………………………… 龙舌兰科 Agavaceae

2. 花被缺或退化为极小的鳞被。(对应性状见 142 页)

3. 花生于干燥或秕糠状、通常覆瓦状排列苞片（即颖）的腋内。

4. 茎实心；叶 3 列；叶鞘封闭 ……………………………………… 莎草科 Cyperaceae

4. 茎通常中空，但节封闭；叶 2 列；叶鞘开裂 ……………………… 禾本科 Gramineae

3. 花非生于干燥、秕糠状苞片内的腋内。

4. 花两性或单性同株。

5. 陆生或很少水生植物（Pistia），有极发达的叶 ………………… 天南星科 Araceae

5. 浮水、微小植物，植物体无茎叶之分；花极微小 ……………… 浮萍科 Lemnaceae

4. 花单性异株；叶长而坚硬，边常有利刺 ………………………… 露兜树科 Pandanaceae

参 考 文 献

曹建国，戴锡玲，王全喜，2012. 植物学实验指导 [M]. 北京：科学出版社.
丁春邦，杨晓红，2014. 植物学 [M]. 北京：中国农业出版社.
高信曾，1986. 植物学实验指导 [M]. 北京：高等教育出版社.
关雪莲，王丽，2002. 植物学实验指导 [M]. 北京：中国农业大学出版社.
何凤仙，2000. 植物学实验 [M]. 北京：高等教育出版社.
贺学礼，2004. 植物学实验实习指导 [M]. 北京：高等教育出版社.
李扬汉，1984. 植物学 [M]. 上海：上海科技出版社.
陆时万，徐祥生，沈敏建，1991. 植物学：上册 [M]. 2 版. 北京：高等教育出版社.
强胜，2000. 植物学 [M]. 北京：高等教育出版社.
王建书，2008. 植物学实验技术 [M]. 北京：中国农业科学技术出版社.
王庆亚，2010. 生物显微技术 [M]. 北京：中国农业出版社.
王英典，刘宁，2001. 植物生物学实验指导 [M]. 北京：高等教育出版社.
徐汉卿，1995. 植物学 [M]. 北京：中国农业出版社.
杨继，2000. 植物生物学实验指导 [M]. 北京：高等教育出版社.
姚发兴，2011. 植物学实验 [M]. 武汉：华中科技大学出版社.
叶庆华，曾定，陈振端，2002. 植物生物学 [M]. 厦门：厦门大学出版社.
尹祖棠，1993. 种子植物实验及实习 [M]. 北京：北京师范大学出版社.
赵遵田，苗明升，2004. 植物学实验教程 [M]. 北京：科学出版社.
郑国锠，1978. 生物显微技术 [M]. 北京：人民教育出版社.
郑湘如，王丽，2001. 植物学 [M]. 北京：中国农业大学出版社.
周仪，1993. 植物形态解剖学实验 [M]. 修订版. 北京：北京师范大学出版社.
周云龙，1993. 孢子植物实验及实习 [M]. 北京；北京师范大学出版社.
周云龙，2004. 植物生物学 [M]. 北京：高等教育出版社.

图书在版编目（CIP）数据

植物学实验技术 / 晏春耕主编．—北京：中国农业出版社，2017.2（2023.1 重印）
ISBN 978-7-109-22502-2

Ⅰ.①植… Ⅱ.①晏… Ⅲ.①植物学-实验-高等学校-教材 Ⅳ.①Q94-3

中国版本图书馆 CIP 数据核字(2017)第 011065 号

中国农业出版社出版
（北京市朝阳区麦子店街 18 号楼）
（邮政编码 100125）
责任编辑 宋美仙 刘 梁

三河市国英印务有限公司印刷 新华书店北京发行所发行
2017 年 2 月第 1 版 2023 年 1 月河北第 4 次印刷

开本：787mm×1092mm 1/16 印张：9.5
字数：226 千字
定价：19.50 元